识茶

江小蓉 ◎ 编著

中国茶文化精品文库

王金平 殷剑 ◎ 总主编

中国旅游出版社

前　言

我对茶最粗浅的认知源自小时候与长辈一起生活的经验。那时就知道茶是好东西，客人来了，敬上一杯香茶，这是最传统、最地道，也是最温暖的待客之道。妈妈上夜班赶工，需提神醒脑的时候，会撮一把茶叶用茶杯泡着，端到工厂，随时喝两口。小时候从爷爷那儿还知道，茶能治病。皮肤发炎，他通常会取一些鲜茶叶捣烂涂抹在上面，很快就能消炎止痒、止疼；咽喉发炎或上火时，家人也经常会泡一壶绿茶，喝上两天就能缓解症状。不过，长辈们也告诫过一些喝茶的禁忌，比如，感冒吃药的时候不喝茶，因为茶解药性。

我对茶有更多的接触和更深的了解是源于学校开设的茶相关课程。校园内辟有一方茶园，建有一间茶叶生产车间，还配备了一套茶叶检评设备。每当茶叶采摘之时，我就跟随老师和同学们一起采茶、制茶、品茶、听制茶师傅讲茶的故事，由此深深被这神奇树叶的魅力所折服。

关于茶的知识浩如烟海，由茶衍生出的茶文化更是博大精深，要想全面认识茶并非易事。编撰《识茶》旨在帮助读者了解茶的起源、茶文化、茶的品类与等级、茶的医学价值、茶的生长环境及分布情况等，做到爱茶、识茶、传播茶文化。

江小蓉

2024.10

目　录

第一章　尊重科学　识茶来源 ……………………………… 001
  一、神话传说 ……………………………………………… 001
  二、科学溯源 ……………………………………………… 002

第二章　追溯茶史　识茶文化 ……………………………… 003
  一、茶的利用与发展 ……………………………………… 003
  二、茶文化的发展历史及主要特征 ……………………… 008
  三、茶文化的传播与中外优秀茶文化 …………………… 015
  四、茶文化价值 …………………………………………… 035

第三章　依据标准　识茶品类 ……………………………… 039
  一、茶品类划分 …………………………………………… 039
  二、茶叶等级划分 ………………………………………… 042
  三、茶叶检测及鉴评 ……………………………………… 058

第四章　明晰医理　识茶特性 ……………………………… 063
  一、茶性医理与利用 ……………………………………… 063
  二、不同类型茶的特性及主要代表 ……………………… 068

第五章　辨别环境　识茶产区 ········ 093
一、茶叶品质与生长环境 ········ 093
二、茶区分布 ········ 095
三、六大茶类在中国的分布情况 ········ 099

第六章　寻访名茶　识茶精品 ········ 105
一、中国名茶 ········ 105
二、外国名茶 ········ 138
三、知名茶企与茶叶品牌 ········ 158

第七章　循茶贸易　识茶经济 ········ 171
一、茶叶贸易 ········ 171
二、茶叶经济及茶产业 ········ 183

参考文献 ········ 201

第一章　尊重科学　识茶来源

一、神话传说

在中国文化发展史上，一切与农业、植物相关的事物起源往往都会追溯到神农氏，茶的起源也是如此。但关于神农氏发现茶的具体说法却因民间传说而衍生出了几种不同的版本。

关于茶的起源，共有三种神话传说，都与神农氏有关。

其一是神农尝百草的传说。相传，上古时期，神农因发现火种造福人类而被称为炎帝。据说，神农不仅是一位知识渊博的学者，更是一位经验丰富的植物学家，而且有着很高的卫生觉悟——不喝生水，一般都是将水煮沸后饮用。传说，有一天神农在一棵茶树下支起锅煮水喝，一阵风吹过，几片嫩叶飘入锅中，锅内的水芳香四溢，味道鲜美，喝完后令人神清气爽，茶就这样被发现了。后人假托神农氏之名所著的《神农本草经》载曰："茶茗久服，令人有力，悦志。"

其二是"神农乃玲珑玉体，能见其肺肝五脏"的传说。相传神农有一个水晶肚子，人们可以看到其五脏六腑，他尝百草，尝到茶的时候，人们看到茶叶在其肚子里查来查去，于是就将它命名为

"查","查"通"茶"。

其三是"神农氏尝百草,一日而遇七十毒,得荼(茶)而解之"(《神农本草经》)的传说。相传神农在尝百草时不慎中毒,将茶叶汁挤入口中才保住性命。从此,茶就成了解毒的良药。这也是流传最广的一种传说,只要提起茶,人们就会想到这个传说,这也给茶增添了一份浓浓的神秘色彩。

二、科学溯源

和其他生物进化一样,茶树的出现是长期自然选择的结果。科学研究发现,茶树最早起源于6500万年前的新生代第三纪。在漫长且艰苦的选择与进化过程中,茶树逐渐适应了自然环境和气候条件,最早出现在中国西南地区,包括四川、云南、贵州交界地带。如今这一地带也已被科考界确定为茶树最古老的起源中心。中国不仅是最早发现茶树的国家,也是最早利用茶树资源的国家。据科学考证及史料记载,3000多年前中国人就已经开始栽培和利用茶树,随着地质变迁及人为栽培,茶树开始普及全国,并逐渐传播至世界各地,人类用茶的经验更是代代相传。

第二章 追溯茶史 识茶文化

一、茶的利用与发展

茶与人类生活联系密切，为人类带来了大量物质和精神层面的美好，茶是自然界派给人类的美丽使者。

许多史料记载表明，人们最初发现的是茶的解毒功效，中国先民利用茶叶治疗疾病。秦代以前，茶的主要功用为药用；秦代以后，茶才从最初的药用发展为食用、饮用及其他用途。

（一）茶的利用

1. 守护健康

茶是绿色天使，小小叶片却聚天地精华，全身充满着神奇的力量，为人类健康保驾护航。我国第一部药物专著《神农本草经》中就有"神农氏尝百草，一日而遇七十毒，得荼而解之"的记载。"荼"已被考证为茶，由此，我们知道茶最初其实是因为药效而被发现和利用的。作为药用的茶既可生嚼内服清热，还能外敷消炎解毒，药用价值较高。茶叶中还富含茶酚、磷儿茶素、维生素E、黄酮类等物质，经常喝茶有益健康。经过科学证明，茶的功效多、效果好。

2. 生活必需

"开门七件事，柴米油盐酱醋茶"。茶自进入人们的生活，便迅速且充分地融入了人们的生活，渗入生活中的每个细节，慢慢成为人们生活中非常重要的元素。

茶叶既可生嚼也可煮食，鲜叶和制过的茶叶均可用于保健食用，既可单独食用，也可和粮食一起煮"茶粥""羹汤"，或者灼煮，捞起，加调料。茶叶食用的传统至今还在一些地区保留，如客家人的擂茶、苗族和侗族的油茶、基诺族的凉拌茶等。中国人饮茶始于西南地区，此外，一些西部牧区也将茶掺入牛奶共饮，民族地区也有饮用擂茶和打油茶的习惯。

（二）用茶方法的演变历史

茶叶在不同历史发展时期的典型饮法不一样，主要有三个阶段。

煮茶法——唐代，饮茶采用煮茶法。煮茶前，先把干茶叶碾成粉末，水烧开后将其他调料放入，再将茶粉撒入锅内煮。饮用时，趁热将茶渣和茶汤一起喝下去，谓之"吃茶"。

点茶法——宋代，将干茶碾成茶粉，然后用开水冲泡茶粉，搅拌后饮用，现代日本的抹茶道就是起源于点茶法。

泡茶法——明代后，社会饮茶的方法慢慢改为整叶茶冲泡，这是现代泡茶的开端。

人们在口干舌燥时饮茶解渴，疲惫无力时饮茶提神，空闲无聊时品茶消闲，心烦意乱时饮茶清心，积食不畅时饮茶去腻，茶在生活中随处可见。清代小说《闽都别记》收录了大量闽地民歌，其中与"吃茶"相关的段落有"闽江口边是奴家，郎若闲时来吃茶。茶香情意两心知，莫学茶树空开花"。后两句以"茶"喻情，强调爱情的忠贞（"茶树空开花"指无果之爱）更反映了古代茶已经深入人们的精神生活中。

（三）茶应用的演变历史

不同时期，茶在人们生活中的应用及所发挥的作用也各有不同。

汉代——多为贵族所享用，多见于议事、谈话中，也是门阀士族养生的物品。

魏晋南北朝——逐渐成为普通百姓的日常物品。由于茶生性高雅，在这一时期受到了文人雅士的钟爱，且与酒对应，茶酒成为人们日常聚会、文人赏文、政客议事时的常备饮品，饮茶的方式也在这一时期慢慢丰富了起来。

唐代——在这个时期，上至达官贵人，下至平民百姓，都有饮茶的习惯。在这个时期最流行的一种饮茶方式为煮茶，即人们将茶碾成细米般的颗粒状，放置锅中与其他调料一起煎煮。煮茶在唐代流行全国，各地的人们都有煮茶的习惯。

宋代——宋代是中国文化发展最为辉煌的一段时期，当时茶已风靡全国，上至王公大臣、文人僧侣，下至商贾绅士、黎民百姓，无不以饮茶为时尚，而且出现了新的品饮方式——点茶。在宋代文人的笔记当中有许多关于点茶的描述，后人根据文字描述对点茶技法进行了复原：将适量烧沸的热水注入茶盏中，而后将研磨成粉状并反复筛过的茶粉末投入茶盏，注入少许沸水，先调成膏，再注入沸水，将茶末调成浓膏状，以黏稠为度；接着就是点茶，通常是用执壶往茶盏点水，点水时，要有节制，落水点要准，不能破坏茶面，点出最佳效果的茶汤来；与此同时，另一只手还要用茶筅旋转打击和拂动茶盏中的茶汤，使之泛起汤花（泡沫），这一动作被称为运筅或击拂。点茶能手被称为"三昧手"，不论是点茶的过程，还是点好的茶汤都能给人带来愉悦的身心享受和无穷的回味。因此，点茶（点汤）成为当时朝廷官场的待客之礼。

明清时期——饮茶方式与现在相似，沿袭了宋代泡茶。在明代，茶是中国的主要经济作物，除了作为贡品，还在民间以各种特色茶食品出现。茶在这一时期，又跟着郑和下西洋，远走异国他乡，这也是促进现在世界各大茶产区形成的因素。

近现代——茶出现在生活中的各种场合，小到"茶余饭后"，招待客人、商谈生意等，大到茶展会、大型会议、国宴等，越来越多的年轻人也爱上了茶。

不同时期，茶的开发与利用情况如表2-1所示。

表2-1 茶的开发与利用情况

时期	开发情况	利用情况
神农氏时代	茶叶主要被当作药材	药用
西周、东周	开始人工栽培茶树，当菜食	药用、食用
秦代	开始出现用茶杯品饮茶汤，茶从药用、食用发展到饮用	药用、食用
汉代	（西汉）茶开始商业化，成都成为我国茶叶最早的集散中心。 （东汉）开始制作茶饼，茶运输更加方便	药用、食用、饮用
唐代	陆羽的《茶经》促进了茶叶的开发与利用	药用，逐渐发展成饮品
宋代	泡茶技艺改进；讲究水质；斗茶文化风俗出现	药用、食用、饮用

续表

时期	开发情况	利用情况
元代	制作散茶，重炒略蒸	药用，以饮用为主
明代	黄茶、黑茶和花茶的工艺相继形成	药用、饮用
清代	中国茶风靡世界，独步世界茶市；六大茶类（乌龙茶、红茶、黑茶、花茶、绿茶、白茶）形成	药用，慢慢发展成为国饮
近现代	中国茶叶贸易经历了兴盛、衰落、恢复、稳定发展四个时期	成为国际饮品

（四）茶精神的形成

茶自从与人类邂逅便与人类结下了不解之缘。它就像天地间的绿色精灵，不仅守护健康、丰富食源、调剂生活，给人类带来了众多福祉，还是人类精神的重要养料，是人类精神文明的重要载体。经过几千年的发展，茶成为人们精神生活的重要组成部分。

首先，几千年来中国人在吃茶、喝茶、品茶的过程中，逐渐养成了坚韧、包容、以和为贵的态度，进而塑造了中华民族区别于其他民族的性格特征。

其次，在和茶相处的过程中，中国人沉淀出了茶文化、茶道、茶艺等一批又一批的精神财富。在喝茶的过程中，人们用不同的心灵体悟茶的玄妙，抒发不同的感悟。唐代诗人卢仝认为饮茶可以进入"通仙灵"的奇妙境地；韦应物誉茶"洁性不可污，为饮涤尘烦"；宋代苏东坡谓"从来佳茗似佳人"；杜耒谓"寒夜客来茶当酒"；清代乾隆谓"君不可一日无茶"；近代鲁迅说品茶是一种"清福"。喝茶能平衡心态、缓解精神压力、放松身心，让身体能有更充沛的精力和稳定的情绪去完成自己的工作，这一作用是自古以来就被普遍认同的。

最后，茶不仅是中国人的心头好，更是世界三大无酒精饮料之一，深受各国人民的喜爱。伟大的德国科学家爱因斯坦喜欢喝茶，他在组织奥林比亚科学院每晚例会时，会和大家边饮茶休息、边学习讨论，用一种更为轻松的方式来研讨学问，这被人们称为"茶杯精神"。法国大文豪巴尔扎克赞美茶"精细如拉塔基亚烟丝，色黄如威尼斯金子，未曾品尝即已幽香四溢"。日本高僧荣西禅师称茶"上通诸天境界，下资人伦"。英国女作家韩素音说，"茶是独一无二的真正文明饮料，是礼貌和精神纯洁的化身"。

二、茶文化的发展历史及主要特征

从广义的范畴来看，文化是指人类在社会历史发展过程中所创造的物质财富和精神财富的总和，它一般包含物质、精神和制度三个方面。据此我们可以认为，茶文化即为人类在饮茶或茶事活动过程中形成的物质创造和精神创造及其成果的总和，具体来说包括茶道、茶艺、茶礼、茶德、茶精神、茶书、茶具、茶谱、茶诗、茶画、茶学、茶故事等。中国是世界茶文化的重要起源地，经过历代的发展，茶逐渐从粗茶淡饭的生计所用发展成了精神载体，具有很高的人文价值、审美意境，是中华文明的重要组成部分。除中国外，世界上喜爱喝茶的国家和地区的人民在饮茶过程中都形成了影响不一、各不相同的茶文化。

（一）茶文化的发展历史

1. 茶文化的起源

中国茶文化的起源最早要追溯到汉代。汉代王褒《僮约》中记载"烹荼尽具""武阳买荼"，经考证，"荼"即茶，这是中国目前为止发现的有关茶叶商贸的最早记载。由此，很多学者推断，饮茶在西汉时已相当盛行，茶叶已经作为普通商品在市场上普遍流通，饮茶的习惯、形式等都已形成，由茶衍生出来的茶文化也开始出现。

魏晋南北朝时期，喜好饮茶的大多是文人雅士，比如，汉赋大家司马相如与扬雄都是早期著名的茶人。文人雅士对茶文化的进一步形成与发展起到了很好的推动作用。司马相如所作的《凡将篇》从药用角度写了茶；扬雄所作的《方言》则从文学角度谈到了茶。晋代张载曾写《登成都白菟楼诗》"借问杨子舍，想见长卿庐""芳茶冠六清，溢味播九区"等诗句，一方面是说这两位与茶的渊源，另一方面也说明了饮茶在那个时候是一种高雅的志趣，是引发思维、以助雅兴的手段。

因此，汉代文人的饮茶之举为茶进入文化领域开了个头；到魏晋南北朝时，几乎每一个文化、思想领域都与茶产生了关联。这样，茶的文化、社会功能超出了它的自然使用功能，中国茶文化初现端倪。

2. 茶文化的形成与发展

魏晋南北朝时期，一些有眼光的政治家提出"以茶养廉"，利用茶来对抗当时以酒馔助兴、高谈阔论的奢靡之风。

唐代疆域广阔，注重对外交往，长安是当时的政治、经济、文化中心，中国茶文化在这种环境下，逐渐形成并得到了很好的发展。唐代开始制定了专门的茶法茶政（此后，宋元明清时期都设定了自己的茶法茶政），主要有贡茶制、茶税、榷茶制、茶马互市政策等。唐代陆羽的茶学、茶艺、茶道思想及其所著的《茶经》标志着中国茶文化理论基础的形成。唐代茶文化是以僧人、道士、文人为主的茶文化，当时佛教的发展、科举制度、诗风大盛、贡茶的兴起以及禁酒都对茶文化的发展有着积极的推动作用。此外，唐代中原地区和游牧民族开始了茶马互市，茶马互市为国家所控制或在国家政令许可下进行，基本成为国家控制边境游牧民族以及获取战马的主要手段。

宋代，茶文化开始进一步向上、向下拓展。除宫廷茶文化外，开始出现了市民茶文化和民间斗茶文化。宋人改唐人直接煮茶的方法为点茶法，在饮茶的过程中还创造出了斗茶文化。斗茶即人们在点茶的过程中进行比试，最后赛出茶的好坏、点茶的技艺高低。每年春季新茶制成后，茶农、茶客们就会将自己的新茶拿来比较，排一个优良次劣顺序，犹如现在的竞技比赛，比技巧、赛输赢。当时，这种茶叶的评比形式和社会化活动深受老百姓的喜爱和关注。据说，宋代的大书法家蔡襄也非常喜欢斗茶，有一次他拿出了上好的茶叶与对方进行比试，在比试过程中，蔡襄使用的是山泉水，而与他比试的对手用的却是经过加工的竹沥水，最终将蔡襄打败。蔡襄输了之后，开始对水质的选择有了新的认识。人们斗茶成风，不单纯比泡茶技艺，还逐渐在斗茶的过程中创造了一系列的泡茶和饮茶流程。比如，斗茶必须是佳茗，必须使用好的茶器具和名泉水，甚至还要求是良辰，有美景、雅处等。由此，茶文化在宋代进入了鼎盛时期。

到南宋初年，又出现泡茶法，这为饮茶的普及开辟了道路。由于宋代茶人大多数是著名文人，因此，加快了茶与相关艺术融为一体的过程。徐铉、王禹、林通、范仲淹、欧阳修、王安石、苏轼、苏辙、黄庭坚、梅尧臣等文学家都好茶，所以著名诗人有茶诗、书法家有茶帖、画家有茶画。这使茶文化的内涵得以拓展，成为文学、艺术等纯精神文化直接关联的部分。宋代市民茶文化主要是把饮茶作为增进友谊、社会交际的手段，比如，在北宋汴京民俗中，有人搬进新居，左右邻居要彼此"献茶"，邻居间请喝茶叫"支茶"。这时，茶已逐渐成为民间的一种礼节。总体来说，宋代饮茶技艺相当精湛，饮茶形式和范围都有了巨大的拓展，但在思想感情融入方面开始呈现出弱化趋势。

元代，人们对宋人烦琐的茶艺很不耐烦，尤其是北方少数民族不喜烦琐的茶艺，更加崇尚简约、返璞归真的茶艺。文人也无心以茶事表现自己的风流倜傥，而希望在茶中表现自己的气节、磨炼自己的意志。元代到明代中期的茶文化形式相近，一是茶艺简约化，二是茶文化精神与自然契合，以茶表现自己的气节。

从晚明到清初，精细的茶文化再度兴起，制茶、烹饮虽未回到宋人的烦琐，但茶风趋向纤弱，不少茶人甚至终生沉溺于茶文化，出现了玩物丧志的倾向。

中国茶文化的形成与发展和传统的儒、释、道思想联系紧密。儒、释、道的精髓在饮茶过程中逐渐渗透到了茶道、茶礼、茶事等茶文化中。比如，佛教强调"禅茶一味"、以茶助禅、以茶礼禅，从茶中体味苦寂，在茶文化中注入佛理禅机，茶是禅定入静的必备之物；道家强调人在品茶时要乐于与自然亲近，在思想情感上与自然交流，在人格上能与自然相比拟，并通过茶事实践去体悟自然的规律；而儒家则是以茶作为沟通自然与心灵的契机，重视自然与人文的高度契合，追求"天人合一"的理想境界与和谐心境。儒、释、道思想中，其中儒家思想对茶文化的影响最深。

无论是"修身齐家"还是"治国平天下"的思想，都在茶文化中有深刻体现。比如，儒家提倡"身心兼修"，而茶的诸多功效是有益于个人修身、静心的。中国茶道在家庭礼节之中也有独特的地位，比如，对到访客人敬茶是必要的，日常及重要节日给长辈奉茶表示恭敬，新婚夫妇共饮和合茶表示夫妻恩爱等都体现了茶道精神。

（二）茶文化的基本特征

茶文化是人们在对茶的认识、应用过程中有关物质和精神财富的总和。茶文化是中国具有代表性的传统文化，它内容丰富、内涵深厚，在几千年的发展进程中逐渐形成了自己较为独有的特征。

1. 历史性

茶文化的形成和发展历史非常悠久。原始公社后期，茶叶成为货物交换的物品。商周时期，茶叶已作为贡品。战国，茶叶生产与使用已有一定规模。先秦《诗经》总集有茶的记载。汉朝时期，茶叶成为佛教"坐禅"的专用滋补品。魏晋南北朝，已有饮茶之风。隋朝，全民普遍饮茶。唐代，茶业昌盛，茶叶成为"人家不可一日无茶"，出现了茶馆、茶宴、茶会等，提倡客来敬茶。宋代、流行斗茶、贡茶和赐茶。清代，曲艺进入茶馆，茶叶对外贸易发展。茶文化是伴随商品经济的出现和城市文化的形成而孕育诞生的。历史上的茶文化注重文化意识形态，以雅为主，着重于表现诗词书画、品茗歌舞。茶文化在形成和发展中，融入了儒家思想，道家和释家的哲学色彩，并演变为各民族的礼俗，成为优秀传统文化的组成部分和独具特色的一种文化模式。

现代物质文明和精神文明建设的发展，给茶文化注入了新的内涵和活力，在这一新时期，茶文化内涵及表现形式正在不断扩大、延伸、创新和发展。随着国际交往日益频繁，新时期的茶文化传播方式及形式，呈现出大型化、现代化、社会化和国际化趋势。其内涵迅速膨胀，影响扩大，为世人瞩目。新时期的茶文化进一步融入了现代科学技术、现代新闻媒体和市场经济精髓，使其价值功能更加显著，对现代化社会的作用也得到了进一步增强。

2.民族性

世界上众多民族酷爱饮茶，在中国，茶与民族文化生活相结合，形成各自民族特色的茶礼、茶艺、饮茶习俗及喜庆婚礼。以各民族茶饮方式为基础，经艺术加工和锤炼而形成的民族茶艺，富有很强的生活性和文化性，表现出饮茶的多样性和丰富多彩的生活情趣。比如，藏族、土家族、佤族、拉祜族、纳西族、哈萨克族、锡伯族、保安族、阿昌族、布朗族、德昂族、基诺族、撒拉族、白族、普米族和裕固族等茶与地方民俗相结合，充分展示了茶文化的民族性。

3.地域性

"千里不同风，百里不同俗"。受历史文化、生活环境、社会风情以及地理气候的影响，各地的茶文化具有明显的地域特征。不同地域的名山、名水、名人、名胜等，孕育出的茶品种及茶文化都特点不一、表现各异。

4.广泛性

茶文化雅俗共赏，各得其所。从宗教寺院的茶禅到宫廷显贵的茶宴、从文人雅士的品茗到人民大众的饮茶，出现了层次不同、规范不一的饮茶活动。从古至今，这些不同阶层、不同区域、不同人群、不同规范、不同形式的饮茶活动形成了形态多样、各具特色、各有价值的茶文化。茶文化的广泛性推动了茶叶更为广泛的开发与利用，进而壮大了茶文化的影响力，并使其最终成了中华文明乃至世界文化中的一颗璀璨明珠。

5. 融合性

首先，是国际融合。古老的中国传统茶文化在茶叶对外输出的同时也输入目的地国家，同各国的历史、文化、经济及人文相结合，演变成各具特色的外国茶文化，如英国茶文化、日本茶文化、韩国茶文化、俄罗斯茶文化及摩洛哥茶文化等。在英国，饮茶成为生活的一部分，不仅是英国人展现绅士风度的一种礼仪，也是英国女王生活中必不可少的仪式和重大社会活动中必需的环节。日本茶道虽源于日本本土，但其受中国茶文化的影响较多。韩国人认为茶文化是韩国民族文化的根，每年5月24日为全国茶日。茶人无关国界、种族和信仰，茶文化可以把全世界的茶人联合起来，切磋茶艺、交流学术和洽谈经贸。

其次，是区域融合。从中国茶文化的发展来看，各民族、各地区茶文化各不相同，但并不排斥和冲突，各民族、各地区茶文化互相影响、互相借鉴又保持各自不同的特点。例如，杭州地处吴越，南宋定都临安后，将中原茶文化带到了杭州。因此，杭州茶文化是中原茶文化和吴越茶文化融合的产物，具有兼容性。后来，又由于它的地理位置，在中原地区茶文化受到冲击的情况下，杭州却悄悄地把中国传统茶文化的精髓保留下来。因此，杭州茶文化有"由小见大"的妙处，解读杭州茶文化就能使你对中国茶文化有大致的了解。

6. 发展性

茶文化不是封闭的、停滞的，而是开放的、发展的，具有强烈的时代特征。它在交流中不断充实自身的文化体系，并通过学者、茶爱好者的研究，持续挖掘出更深层次的文化内涵。许多全国性、世界性的茶学研究活动在各地举行，茶文化不断与时俱进，展现出旺盛的生命力。

三、茶文化的传播与中外优秀茶文化

大量茶史研究表明，中国是茶文化的起源地。茶文化的传播路径大致是由内地向边疆地区传播，由中国逐渐向世界传播。据推测，中国茶叶传播到国外，已有两千多年的历史。当今世界广泛流传的种茶、制茶和饮茶习俗，大部分是由我国向外传播出去的。

（一）中国茶文化的传播

1. 内地向边疆地区的传播

中国茶文化在向边疆地区传播的过程中，有两个特定的茶政内容推动了茶文化的传播与发展。一个是"榷茶"，另一个是"茶马互市"（也称茶马交易）。

"榷茶"的意思，就是茶叶专卖，这是一项政府对茶叶买卖的专控制度。唐安史之乱以前，茶叶交易主要在民间蓬勃发展，安史之乱后国家经济受到影响，国家财政收入大大减少，上层统治者开始向茶商征收税赋。唐德宗年间开始收取茶税，"税天下茶，十取其一"；后来又将茶叶经营权收归中央所有，"榷者，禁他家，独王家得为之"。由此，榷茶制度正式形成，至宋代逐渐得到完善。

"茶马互市"也称茶马交易，始于唐代，在宋代得到完善与推广。

宋初，由于边疆民族地区的牧民将向内地卖马的铜钱渐渐用来铸造兵器，宋代政府从国家安全和货币尊严考虑，在太平兴国八年，正式禁止以铜钱买马。因此，内地向边疆少数民族购买马匹由使用铜钱改用布帛、茶叶、药材等来进行物物交换。为了使边贸有序进行，宋朝政府还专门设立了茶马司，茶马司的职责是"掌榷茶之利，以佐邦用；凡市马于四夷，率以茶易之"（《宋史·职官志》）。

在茶马互市的政策确立之后，宋代于今晋、陕、甘、川等地广开马市，大量用茶叶换取吐蕃、回纥、党项等民族的优良马匹，用以保卫边疆。茶马互市的推进，不仅极大地促进了内地茶叶经济的发展，同时，内地茶文化也得到了很好的推广和传播。

除茶马互市外，民族交流也推动了茶文化进一步向边疆地区传播。据《西藏日记》记载，唐代的文成公主进藏随带物品中就有茶叶和茶种，吐蕃的饮茶习俗也因此得到推广和发展。到了中唐时期，朝廷使节到吐蕃时，看到当地首领家中已有不少诸如寿州、舒州、顾渚等地的名茶。

2. 中国向国外的传播

从古至今，中国的茶叶传播几乎遍及全球，成了世界性饮料。当前，我国茶叶已行销世界五大洲上百个国家和地区，世界上有50多个国家引种了中国的茶籽、茶树，茶园面积247万多公顷。可以说，中国给了世界茶的名字、茶的知识、茶的栽培加工技术、茶的文化和茶的传统。世界各国的茶叶，直接或间接地与我国茶叶有着千丝万缕的联系。

（1）传播历史

中国茶叶向外传播大约始于4世纪末5世纪初，当时茶叶开始陆续被运至东南亚邻国及亚洲其他地区。后来，茶树种子也被传入其他国家开始种植。如805年、806年，日本最澄、空海法师来我国留学，回国时带回茶籽试种；宋代的荣西禅师从我国传入茶籽种植。

自 5 世纪后，中国对外的茶贸易量及范围逐步扩大。因为在大航海时代开始时，荷兰、英国、葡萄牙、西班牙等西方殖民国家就在东南亚各国如印度尼西亚、马来西亚、越南、菲律宾等国大面积种植茶叶。10 世纪，蒙古商队来华从事贸易时，将中国砖茶从中国经西伯利亚带至中亚及更远地区。16 世纪，葡萄牙传教士将茶叶及中国人爱喝茶的信息带到欧洲。约在 17 世纪初，荷兰人最早将茶叶带至了西欧，后传至东欧，再传至俄、法、德等国，1637—1638 年，饮茶的风气已经逐渐在欧洲大陆扩散开来。17 世纪中叶，又经荷兰人传至美洲殖民地。印度尼西亚于 1684 年开始引入我国茶籽试种。1824 年以后又多次引入中国、印度茶种扩种和聘请技术人员，该国经历多次引种试种后，所产红茶质量优异，成了世界茶创汇大国。1924 年南美的阿根廷由我国传入茶籽种植于北部地区，并相继扩种。中华人民共和国成立后，我国援助大批南美洲、非洲国家栽种茶树，取得了很大的成果。随着茶树种子的传播，中国的茶树不再是唯一的源头，印度、日本等国家的茶树也成了其他国家引种的源头并扩散至全球。

（2）传播形式

中国茶叶传向世界主要有四种形式：第一，通过国外到中国来学佛的僧侣及遣唐使们开展的传播。比如，日本的茶叶及茶树种植。第二，通过对外贸易开展的传播，主要是通过古商路以经贸的方式传到国外。比如唐代时期，京城长安与回纥进行茶马交易等。第三，通过外交进行传播，茶叶作为贵重礼品由派出的使节携带馈赠给出使国。比如 1618 年，中国公使向俄国沙皇赠茶等。第四，通过友好援助的方式进行传播，应邀直接以专家身份去国外发展茶叶生产。比如，中国援助大批南美洲、非洲国家栽种茶树等。

通过不同的传播形式，中国茶叶在世界范围被广泛种植与利用，中国茶信息、茶文化也得以向世界各国、各阶层传递，最终成就了世界三大无酒精饮料之一的地位。

（3）传播路径

中国茶叶走向世界的路径主要有两条：一是陆路传播，二是海路传播。

陆路传播方面，7世纪时，茶叶经由边境贸易由陆路向与中国接壤的中亚、西亚、南亚等邻国传播，并开始了茶马互市。还有一条以山西、河北为枢纽，经长城，过蒙古，穿越俄罗斯的西伯利亚，直达欧洲腹地的欧洲陆路传播通道。因蒙古是这条国际商路的出口处，所以饮茶历史较早。据《宋史·张永德传》载："永德在太原，尝令亲史贩茶规利，阑出徼外羊市。"据此可知，至少在宋代，蒙古已开始饮茶。

海路传播方面，中国茶叶传向日本、朝鲜、欧洲各国大多是通过海路。据确切史料记载，中国茶籽在唐代（唐永贞元年，即805年）由日本高僧最澄和弟子义真经海路回国时带回种植。但据日本弥生后期发掘的出土文物中的茶籽推测，早在汉代时期，中国的茶文化就已通过海路，传播到了日本。在4世纪末5世纪初，茶叶经由佛教徒们传入高句丽（今朝鲜），饮茶之风在朝鲜开始传开。到了12世纪，高句丽的一些著名寺庙积极提倡饮茶，使得饮茶之风迅速普及到民间，同时，把"茶礼"的学习也纳入当时新罗国的教育制度中。朝鲜人不但饮茶，还种茶，而高句丽种茶的历史始于中国唐代。据《东国通鉴》记载：828年"新罗兴德王之时，遣唐大使金氏（注：金大廉），蒙唐文宗赐予茶籽，始种于金罗道智异山"。但是由于气候等原因,朝鲜的茶叶产出并不高,主要依靠进口。

茶由海路传向欧洲始于14世纪末15世纪初,清代赵翼《檐曝杂记》载:"自前明设茶马御史(注:永乐十三年,即1415年),大西洋距中国十万里,其番船来,所需中国物,亦唯茶是急,满船载归,则其用且极西海以外。"17世纪初,随着荷属东印度公司的参与,大批茶叶开始被从中国贩运至欧洲各国。18世纪,欧洲饮茶风尚开始盛行,在之后的一百多年间,中国茶叶从海路被源源输送到欧洲各国。

(二)中外优秀茶文化

1. 中华民族优秀茶文化

自汉代以来,中华民族逐渐形成了丰富多彩的茶文化,这一文化不仅体现在茶的种植、制作和品鉴上,还深深融入了各民族人民的日常生活和精神世界。

(1)汉民族优秀茶文化

汉民族茶文化源远流长,在长期的茶文化发展过程中,既传承了汉民族一直以来的种茶、制茶、饮茶习惯,形成了本民族独具特色的茶文化,而且随着民族融合的发展,还呈现出融合性、广泛性、发展性等特征。

茶生产制作工艺方面——从种植、采摘、晾晒、炒制到包装,茶叶制作工艺越来越精湛,每一个环节都蕴含着汉族茶农的智慧和汗水。

在长期的茶叶生产过程中,汉民族积累了丰富的茶树栽培经验。从唐代陆羽的《茶经》开始,茶树栽培技术便得到了系统的记述。经过宋、元、明、清等朝代的不断发展,最终形成了完整的茶叶栽培技术知识体系。

在茶叶加工方面也有着卓越的成就。自唐至宋，由于贡茶的兴起，制茶技术得到了快速发展。这一时期，出现了龙凤团茶等名茶以及蒸青、炒青等多种制茶方法。到了明代，炒青制法日趋完善，包括高温杀青、揉捻、复炒、烘焙至干等过程，这为绿茶的制作奠定了基础。此外，汉民族还发明了黄茶、黑茶、红茶、乌龙茶等多种茶叶的加工方法，丰富了茶叶的种类和口感，并涌现了一大批名茶，如龙井茶、碧螺春、铁观音等。这些茶叶以其独特的口感和香气赢得了广泛的赞誉，它们不仅具有饮用价值，更成了艺术品，体现了汉民族对茶文化的热爱和追求。

茶叶品鉴艺术方面——汉民族在茶叶品鉴方面有着深厚的造诣。汉族人大多推崇清饮，即直接将茶叶用滚开水冲泡，认为清饮能保持茶的"纯粹"，体现茶的"本色"。人们通过观茶色、闻茶香、品茶味等方式来品鉴茶叶的品质。同时，在品茶过程中还形成了独特的茶道文化。茶被视为清廉、勤政、俭约、奋进的象征，与汉民族的传统美德相契合。汉民族强调通过饮茶来修身养性、陶冶情操、培养冷静、理智的品格，将茶作为表达敬意和友谊的媒介。

汉族人民不仅对茶的品德和道德价值方面有较高的追求，同时还发展出了各种茶艺、茶礼、茶画、茶诗等茶文化，展现了其深厚的文化底蕴和审美追求。比如，结合汉文化创造出了各类型茶的茶艺表演，这些茶艺表演从行走姿态到行礼仪式，都充满了传统韵味。在茶艺表演中，所使用的茶器器具数量多，且华贵精美、功能各异，每一件都承载着特定的文化意义；站姿、走姿、坐姿都有严格的要求，站姿要挺拔端庄，走姿要轻盈优雅，坐姿要稳重大方，这些姿态不仅体现了对茶的尊重，也体现了对客人的尊重；茶礼复杂，有鞠躬礼、伸掌礼、叩指礼、寓意礼等不同寓意的礼节要求；茶艺表演的流程复杂，通常包括多个环节，每一个环节都需精心操作，以确保茶艺表演的顺利进行。茶艺表演不仅注重茶的品质和口感，还非常注重营造一种清幽雅致的氛围，通过茶艺师的精湛技艺和优雅表演，将茶文化的精髓展现得淋漓尽致。比如，有的茶艺表演通过茶艺师焚香、净手、候汤等步骤的展示或带领，使人们在品茶的过程中能够感受到身心的愉悦和放松。以上这些共同构成了一个完整的茶艺体系。

茶文学创造方面——自古以来，许多汉民族文人墨客在品饮茶的过程中，以茶为题材创作了大批茶文学作品，其中以茶诗和茶画居多，它们很多已成为茶文化中的艺术瑰宝。这些作品不仅表达了作者对茶的热爱和赞美之情，还展现了茶文化的独特魅力和审美价值。茶诗和茶画不仅丰富了汉民族茶文化的内涵和外延，还为人们提供了欣赏和品鉴茶文化的艺术享受。

茶学理论构建方面——汉民族茶学不仅注重实践经验的积累，还注重理论体系的构建。从《茶经》开始，就系统地阐述了茶叶的种植、加工、品鉴等方面的知识。随着时代的发展，茶学理论不断得到丰富和完善。现代茶学更是涵盖了茶叶科学、茶文化、茶叶经济等多个领域，为茶叶产业的发展提供了坚实的理论基础。

汉族茶文化作为中国传统文化的重要组成部分，在其发展的历程中得到了有效的传承、保护和发展。它不仅在中华民族发展历程中发挥着重要作用，还在与其他民族茶文化的交流互鉴中，对促进了不同民族之间的文化交流和相互理解，起到了很重要的推动作用。比如，汉族茶文化通过丝绸之路等贸易路线传播到世界各地，推动了国际文化交流。

（2）部分少数民族特色茶文化

藏族特色茶文化——主要指藏族游牧地区人们在饮茶的历史中形成的特色茶文化。据藏文史籍《汉藏史集》记载，吐蕃王朝第36代王都松莽布支（又名赤都松，676—704年）在位时，藏地出现了茶叶和瓷器。相传，当时都松莽布支赞普身染重病，一只小鸟衔来绿树枝（即茶树），赞普品尝树叶后觉得清香提神，于是加水煮沸制成了一种上好饮料，从此，藏族便有了饮茶的习俗。到了唐德宗时期（780—805年），藏族饮茶的习俗已经在贵族阶层中成为惯制。据《唐国史补》卷下记载，唐德宗时期，常鲁公出使吐蕃，闲暇时在帐中煮茶，吐蕃赞普询问此为何物，常鲁公解释后，赞普表示自己也有茶，并命人摆出产于寿州、舒州等地的多种名茶，这令常鲁公惊叹不已。此说明在唐德宗以前，藏族人就已经开始饮茶，并且对内地所产的各式名茶都有所尝试。

经过长期的生活实践，藏族人民发现内地所产的大叶茶（粗茶）最适合在高寒地带饮用，它价格低廉且熬制的茶汤味道浓郁，符合藏族人的口味。因此，大叶茶逐渐成为藏族人民的主要茶品。随着茶马互市的开通和发展，茶叶大量输入藏区，满足了藏族人民对茶叶的需求。到了明清时期，茶叶已经成为藏族人民日常生活中不可或缺的一部分。

茶在藏族人民的生活中扮演着至关重要的角色，不仅是日常饮品，更是文化传承、社交礼仪和精神寄托的象征。

首先，在藏族地区，茶被视为生命之饮。因高寒、缺氧、强辐射的艰苦自然环境，茶以其独特的药理作用，如提神醒脑、助消化、增强免疫力等，成了藏族人民生活中不可或缺的一部分。茶帮助他们抵御恶劣环境，保持身体健康，因此被尊称为"生命之饮"。其次，茶是藏族人民社交的媒介。无论是家庭聚会、朋友来访，还是宗教仪式、节庆活动，茶都是必不可少的。通过品茶、聊茶，人们交流感情、增进友谊，茶成了连接人心的桥梁。再次，茶是藏文化的传承。藏族茶文化源远流长，蕴含着丰富的历史和文化内涵。通过茶艺表演、茶礼习俗等，藏族人民将茶文化代代相传，让年轻一代了解和感受茶的魅力。最后，茶是藏族人民精神的寄托。在藏族人民心中，茶具有神圣的地位。他们相信茶能带来吉祥、幸福和安宁。在重要的宗教仪式和节庆活动中，茶都是不可或缺的祭品。通过品茶、敬茶，人们表达对祖先、神灵和自然的敬畏和感激之情。

藏族人民形成了独特的饮茶习俗和茶文化。他们喝的茶大多是砖茶，喜欢喝清茶、奶茶、酥油茶等，还喜欢在茶中加入盐、姜片、花椒等作料，以增加茶的滋味和功效。通常，他们先要把砖茶砸开，放到水壶中，加清水用火煮，煮沸几分钟后，加入食盐及牛奶、羊奶或酥油，制成酥油茶；有些地区也放核桃碎。奶茶可以帮助消化，因此，牧民有"一日三餐茶，一顿饭"的习惯。每日清晨，家庭主妇都要准备好奶茶。

藏族人民喝茶讲究长幼、主客之序，斟茶、接茶都有严格的礼节。同时，茶也是藏族人民社交、祭祀、节庆等活动中的重要物品。

藏族茶文化不仅影响了藏族人民的生活方式，还促进了藏汉民族之间的经济文化交流。茶叶作为重要的贸易商品，在藏汉之间的贸易中占据了重要地位。同时，茶文化的传播也加强了藏族与其他民族之间的联系和友谊。

蒙古族特色茶文化——蒙古族饮茶的历史可以追溯到13世纪成吉思汗时代。蒙古高原特定的自然环境和与之相应的生产生活方式，造就了蒙古族人日常生活中重视饮茶的饮食习俗。饮茶习俗的传入改变了蒙古先民"食肉饮酪"的单一饮食习俗,是蒙古族人饮食习惯发生重大变化的标志。在元代,随着佛教文化在蒙古族上层阶级的传播以及宫廷营养师忽思慧撰写的《饮膳正要》对茶文化的记载,饮茶习俗开始在上层阶级和城镇蒙古族人之间流传。到了清代,政府开放了汉族和蒙古族的民间商业贸易,推进了茶叶向蒙古地区的传播,这使得蒙古族饮茶风俗盛行。

在日常生活中,茶被蒙古族人民称为"仙草灵丹",是不可或缺的饮品。蒙古族主要饮用奶茶,原料主要是青砖或黑砖茶,并添加鲜奶和盐巴一起煮沸,形成咸奶茶。其基本工序包括贮茶、劈茶、捣茶、煮茶等步骤。煮茶时,先把砖茶敲成小块状,并将洗净的铁锅放在火上,烧水至沸腾时,加入打碎的砖茶。这种奶茶不仅具有提神醒脑、强化血管壁等药用功能,还有增强人体抵抗力、促进消化等作用。除了咸奶茶,蒙古族也喜欢喝清茶(哈日茶),即不放酥油、奶和盐的茶。此外,蒙古族还有素茶、捣茶、面茶等多种茶品。

敬茶是蒙古族欢迎客人的礼节。客人来家以后,主人要站起来,双手捧着茶碗,向客人敬献。客人也要站起来,用右手把茶碗接过去,放在桌上。接着主人双手端来一盘奶食,客人用右手接过,倒在左手里,用右手的无名指将鲜奶蘸取少许,向天弹洒,并放在嘴里舔一舔。在敬茶过程中,茶碗不能有裂纹,一定要完整无缺;倒茶时不能把茶倒得太满或只倒一半;壶嘴或勺头要向北向里,不能向南(朝门)向外;给老人或贵客添茶时,要把茶碗接过来添茶,不能让客人把碗拿在手里。这些茶礼都体现了蒙古族人民的热情好客和尊重长辈的传统美德。

蒙古族人民的饮茶过程不仅包含了制茶、煮茶、品茶等技艺呈现,还蕴含了丰富的文化内涵和民族情感。茶不仅是他们解渴、放松身心的方式，更是表达友谊、交流情感的重要途径。在蒙古族人民的传统观念中，茶是吉祥的象征，可以祈福、避邪、祛灾。在重要的节日和庆典中，蒙古族人民会举行茶道仪式，通过敬茶、献茶等方式来表达对祖先、神灵的敬畏和对客人的热情款待。

回族特色茶文化——相传回族先民在唐代贞观年间就开始饮茶。7世纪，部分回族先民从海路来到中国的广州、泉州、杭州、扬州等地居住经商，这些地方基本上是中国的产茶区，且当时从唐代皇帝到民间，盛行饮茶，皇帝在召见大臣、商讨国事时，不仅用茶，还"赐茶"。元朝时期，不少回族开始在长安等西北地区生活，饮茶习俗也随之传到西北、云南等地。

回族人普遍喜欢饮茶，且形成了各具特色的饮茶习惯。例如，在北方部分回族聚居区，流行喝罐罐茶，茶罐是粗砂黑釉陶或白铁皮卷成，茶水色如咖啡，其味涩苦，但能解渴，使人兴奋。在云南等回族聚居区，则流行烤茶，将茶叶放到茶罐里，置在火炉上将茶叶烤黄，再用茶壶沏上滚开水喝。宁夏回族则喜欢用传统的盖碗喝"盖碗茶"，将茶和枣、冰糖以及宁夏特产枸杞一起沏泡。此外，还有擂茶、奶茶、麦茶等多种饮茶方式。

回族人还讲究泡茶和饮茶的礼仪。泡茶时，须用滚烫的开水冲一下碗，然后放入茶料盛水加盖，时间为2~3分钟。饮茶时，回族人通常使用盖碗茶，不能用嘴吹漂在上面的茶叶，而是用盖子刮几下，一刮甜，二刮香，三刮茶卤变清汤。每刮一次后，把盖子盖得有点倾斜度，用嘴吸着喝。不能端起茶盅连续吞饮，也不能对着杯盏喘气饮吮，要一口一口慢慢地饮。回族人还非常注重茶的色、香、味、形以及饮茶的环境和心境。在回族茶道中，泡茶的水质、茶具、茶叶的选择和冲泡方法都十分重要。回族人认为，雪水、泉水和流动的江河水泡出来的茶最佳。茶具则以盖碗茶最为常见，其茶碗、碗盖、碗托三样配套，既实用又美观。在冲泡茶叶时，回族人讲究用滚烫的开水冲泡，并注重冲泡的时间和次数，以充分展现出茶叶的香气和滋味。

回族人把饮茶作为待客的佳品，每当过古尔邦节、开斋节或举行婚礼等家里来客人时，主人会热情地给客人先递上一盅盖碗茶，端上些油香、点心、干果一类，让客人下茶。敬茶时也有许多良好的礼节，即当着客人的面，将碗盖揭开，在碗里放入茶料，然后盛水加盖，双手捧送。这样做，一方面表示这盅茶不是别人喝过的余茶，另一方面表示对客人的尊敬。

此外，回族人在走亲访友、订婚时，还喜欢送茶礼。例如，回族人民订婚时，一般要送砖茶、细茶、桂圆、红枣、芝麻、葡萄干等，所以订婚也叫"定茶"。在回族结婚之日，除主人招待外，其他亲戚朋友协助待客叫"喝茶"。同时还有早茶、偏茶、晚茶之分。回族人认为，茶具有提神醒脑、消食去腻、明目清心等功效。因此，在饮茶时，回族人通常会根据自己的身体状况和需求来选择不同的茶叶和配料。例如，在八宝盖碗茶中，放入枸杞、葡萄干等配料，可以起到滋肝补肾、生精益气的作用。

白族特色茶文化——白族人民喝茶的历史源远流长，早在唐代《蛮书》中就有记载，一千年前的南诏时期，白族人就有了饮茶的习惯。白族三道茶历史悠久，据徐霞客所著的《滇游日记》记载，早在明代，三道茶就已经成为白族待客交友的一种礼仪。蕴含"一苦二甜三回味"的人生哲理，被誉为"东方茶道"。

白族人注重饮茶，尤其在重要场合和节日中，三道茶更是不可或缺。在婚事、建房、丧葬等重要场合中，都能品尝到三道茶的独特韵味。此外，白族人还喜欢在清晨和中午饮茶：晨茶被称为"早茶"或"清醒茶"，有助于提神醒脑；午茶则被称为"休息茶"或"解渴茶",内放米花和奶,为劳作间隙提供能量。

白族人民对饮茶也有着自己的独特理解。比如,他们认为,三道茶的制作过程中,头道苦茶,选用粗、苦的茶叶,在砂罐中烤制,直至茶叶散发出浓郁茶香,再冲入开水,这道茶滋味清苦幽香,寓意人生苦境。二道甜茶,在烤茶的基础上加入乳扇片、核桃仁、芝麻、红糖等配料,使其味道甜而不腻,寓意苦尽甘来。三道回味茶,加入肉桂末、花椒、生姜、蜂蜜等原料,口感甜、酸、苦、辣各味俱全,让人回味无穷。整个制茶、品茶过程不仅体现了白族人对茶的热爱,更展示了他们对生活的态度和追求。

白族人民在喝茶时同样也非常注重茶的色、香、味、形以及品茶的氛围和环境。不仅注重观察茶汤的颜色、闻茶的香气、品尝茶的口感,而且对茶具、茶艺要求同样很高。在品尝的过程中不仅是对茶的品鉴和欣赏,更是对人生的感悟和反思。三道茶分别寓意着人生的苦境、甘境和淡境,让人在品茶的过程中感受到人生的起伏和变化。

此外,壮族、彝族、苗族、侗族、傣族、瑶族等其他民族地区的人民在生活中都发展出了独具本民族特色的茶文化,这些少数民族的茶文化不仅各具特色,而且都蕴含着深厚的文化内涵和民族情感。通过了解这些茶文化,可以让我们更好地理解这些民族的历史、生活习俗和审美情趣。

(3)港澳地区特色茶文化

香港茶文化——香港的饮茶文化起源于19世纪末,当时的香港为英国殖民地,许多广东人和福建人在香港定居,不仅带去了广东和福建地区人们的饮茶习惯和习俗,还开始在茶餐厅和饮茶楼中享用点心和茶水。1845年,香港拥有了第一家茶楼——"三元楼",随后又陆续开业了"得云茶楼""天香楼"等多家茶楼,逐渐形成了茶楼区。人们经常会邀请朋友和家人一起去茶餐厅或饮茶楼享用饮茶。这种聚会方式不仅可以增进人际关系，还可以交流思想和文化，是一种非常愉快和有益的社交方式。

同时，英国殖民者也将英国的奶茶文化带到了香港，饮茶文化逐渐多样并呈现出融合的趋势。比如，香港人将英国人的奶茶大为改良，以滤网冲泡出很浓的红茶，再拌以淡奶，由于染了茶色后的滤网看似丝袜，因此，被称为丝袜奶茶。这类茶一般要混合多种茶叶泡制，这是因为餐厅难以依赖一种茶叶，在短时间内冲出色、香、味俱备的茶水。香港人除了改良奶茶，还很爱直接把柠檬片放入茶中变成柠茶，这种制法与西方主流把柠檬汁混进茶中的做法略有不同。这些饮料一般在街头巷尾的茶餐厅出售，是香港人的日常饮料。

此外，香港的饮茶文化还具有包容性和多元性。受中西文化的影响，在香港街头茶亭，可以看到各种茶饮和花果饮品，这满足了不同人群的口味需求，形成了独特的港式茶文化。

澳门茶文化——澳门与茶结缘的历史可以追溯到16、17世纪。早在香港开埠之前，澳门就已经是中国茶叶出海远洋的重要转口贸易港，是明清时期与近代推动中国茶文化出海的重要门户之一。澳门本地并不产茶，历史上澳门外销的茶叶多源自中国的福建、浙江、江苏等地。这些茶叶经广粤地区的茶商运抵澳门后，再转运出口至欧洲等地。在澳门作为港口中转站期间，中国的茶文化得以广泛传播至世界各地，尤其是正山小种等红茶品种，在葡萄牙王国公主凯瑟琳嫁给英国国王乔治二世时，被带入欧洲宫廷，从而掀起了欧洲的饮茶热潮。

澳门的茶文化在历史的演变中深受中西文化交融的影响。早期的澳门茶楼通常由一般的家庭作业式小型茶寮发展而成，主要分布在港口、码头等茶叶贸易集中地，周边的货运工人是常客。随着时间的推移，茶楼逐渐发展为集社交、娱乐、休息于一身的休憩场所。澳门人还热衷于使用紫砂壶、盖碗等不同的器皿泡茶，用以品味茶的精致口感和香气。

在澳门，人们不仅可以品尝到传统的中国茶饮，如普洱、铁观音、龙井等最为常见，还能体验到融合了西式元素的茶饮新品种，如珍珠奶茶、杏仁饼奶茶、冷泡茶等。其中，杏仁饼奶茶就是一款融合了澳门的传统美食杏仁饼与奶茶，具有丝滑口感的创新饮品。这些茶饮新品种的涌现，不仅丰富了澳门的茶饮文化，也体现了澳门茶文化对时代潮流的敏锐捕捉和积极应对。

在澳门，人们喝茶不仅仅是为了解渴或品尝美食，更是一种社交和休闲的方式。在茶楼、茶馆等场所，人们可以边品茶边聊天，享受悠闲自得的午后时光。如今，澳门地区还会经常举办一系列与茶饮相关的文化活动，如茶艺表演、茶文化讲座等，这些活动不仅弘扬了中国的茶文化，也促进了澳门与内地在茶文化方面的交流与合作。

2. 国外部分国家和地区的茶文化

茶虽起源于中国，但随着时代的变迁和文化的交流，茶文化在世界各地生根发芽，形成了各具特色的茶文化。这些茶文化反映了不同国家或地区的风土人情和文化传统。作为一种文化载体，茶不仅传递了人们对生活的热爱和追求，也促进了不同文化之间的交流与融合。

（1）日本茶文化

日本茶文化深受中国茶文化的影响，但在发展过程中融入了日本独特的文化和哲学思想。早在奈良时代（710—794年），日本就将作为药用的茶叶通过遣唐使从中国引入国内。在平安时代

（794—1185年），留学中国的遣唐僧人将中国茶及饮茶法带回日本，饮茶之风开始在贵族和僧侣之间流行。这一时期，陆羽的《茶经》对后来日本茶道的发展有着极其重要的影响。

日本民众的饮茶形式在不同的历史时期各具特色。其中，抹茶和煎茶是日本最为常见的茶饮。抹茶源于宋代点茶，使用末茶，经过发展，形成日本的抹茶道。煎茶道始于日本江户晚期，源于中国煎茶，其茶器形制类似中国功夫茶，但更精细及繁复。此外，日本还有玉露、焙茶、番茶、玄米茶、粉茶、麦茶等多种茶饮，这些茶饮不仅口感各异，而且具有独特的香气和韵味。

茶道是日本传统文化中的重要元素，而抹茶道又是日本茶道的重要代表。日本抹茶制茶方式源于中国唐代，于9世纪末随日本遣唐使传入，并在日本得到了进一步发扬光大。为了使抹茶的质量和口感得到进一步提升，日本茶人通过改良栽培方式，特别是遮光栽培和蒸青工艺，使得抹茶的品质得到了极大的提升。这种遮光栽培的茶叶被称为碾茶，是制作抹茶的主要原料。抹茶制作工艺复杂，采摘的茶叶在经过蒸汽杀青后，干制碾碎，制成绿茶末。由于茶末表面积大，具有较大的表面张力，容易在水面漂浮，因此，在泡制时，必须用竹子特制的茶筅搅拌，使其沉入水中，然后用竹舀将茶液舀出饮用。由于泡制茶叶的手续复杂，由此逐渐演化出了一整套仪式，即抹茶道。在室町时代（1336—1573年），抹茶道开始逐渐形成并普及，村田珠光等茶道大师将禅宗引入茶道，开辟了"茶禅一味"的意境，这使抹茶道成了一种包含哲学、美学和伦理的综合艺术形式，其核心精神是"和、敬、清、寂"。以此为基础，抹茶道又演化形成日本茶道的各个流派。如今，抹茶道不仅在日本得以保留、继承和发展，更被誉为日本的国粹，被引为国宾之礼，是最具代表性的日本茶道。

（2）印度茶文化

印度茶文化源远流长。1837年，英国殖民者在阿萨姆地区建立了第一个茶叶种植园，标志着印度茶业的开始。1840年，阿萨姆茶叶公司开始了茶叶的商业化生产，印度茶业得到迅速发展。到19世纪末20世纪初，阿萨姆已经发展成为世界上最主要的茶叶产区之一，与大吉岭茶共同成为印度品牌茶的重要标志。因此，印度茶文化的起源和发展与英国殖民统治密切相关，深受历史、政治、经济和社会文化等多方面因素影响。

最初，茶叶在印度是奢侈品，主要供英国殖民者和印度少数富人享用。1960年以后，随着CTC（Crush、Tear、Curl）茶的出现和推广，茶叶价格大幅下降，印度的茶叶消费量大幅增长。目前，印度是世界上人均消费茶叶最多的国家之一，印度三大茶区（阿萨姆邦、大吉岭和尼尔吉里）生产的茶叶70%以上是在本土消费。

印度人饮茶普遍且频繁，尤其喜欢喝香料茶（Masala Chai），即在红茶中加入姜、豆蔻、肉桂、八角等香料，使茶具有浓郁的香气和独特的口感。香料茶已经成为印度人日常生活中不可或缺的一部分。此外，拉茶也是印度独具特色的茶文化，它是通过将茶水在两个容器之间来回倾倒，充分混合茶与奶、香料之间的融合度，同时展现茶师精湛的拉茶技艺。

在印度，饮茶不仅是解渴和提神的方式，更被视为一种交流思想、增进感情的社交活动，人们通常会邀请亲朋好友一起品茶。不同阶层和种姓的印度人在饮茶习惯上存在差异。富人倾向于喝绿茶和咖啡，而普通民众则更偏爱香料茶。

在饮茶礼仪方面，现代印度虽然逐渐与国际接轨，但仍保留着一些传统元素。比如，在饮茶时使用右手递送茶具和接茶。

（3）英国茶文化

17世纪上半叶，随着中国茶叶开始通过荷兰东印度公司等贸易渠道传入欧洲，饮茶逐渐在英国流行开来。最初，茶叶在英国主要作为奢侈品在宫廷和贵族阶层中流传。随着英国资产阶级革命的完成和经济繁荣，茶叶的进口量增多，价格逐渐降低，饮茶的习惯逐渐普及中产阶级和普通民众中。到1800年，英国已出现将茶视为"国饮"的说法，并逐渐形成了独特的茶饮习俗。

英国人对红茶情有独钟，喜欢红茶的浓香和馥郁口感。依照生活习惯和喜欢的口味，他们常常将红茶与牛奶、糖混合饮用，这体现了他们独特的饮食文化。

除传统的红茶外，很多英国人还喜欢英式早餐茶、伯爵茶、乌龙茶等。英国人还有一种介于午餐和晚餐之间的饮茶社交活动，即英式下午茶。英式下午茶起源于19世纪初，茶饮通常包括红茶（阿萨姆红茶、锡兰红茶、大吉岭红茶居多）、洋甘菊茶、牛奶、糖、柠檬片等，搭配各种小点心、三明治等。英式下午茶属于非正式的社交活动，但英国人却较为喜欢和重视，对时间、着装、茶具选择、点心搭配、服务方式等要求较多。比如，按照正统要求，下午茶的时间一般是下午4—5点钟；着装方面，要求参加者穿着得体，男性着燕尾服，女性则穿着长袍或洋装，并佩戴帽子，举止要求文雅得体；服务方面，为表示对来宾的尊重，通常由女主人亲自为客人服务，如果女主人无法亲自服务，则会请女佣协助；点心搭配方面，通常使用三层瓷或银质点心盘盛装，第一层放三明治，第二层放传统英式点心（如小松饼），第三层则放蛋糕及水果塔，食用顺序要求遵从由淡而重、由咸而甜的法则（即从下往上的顺序）；茶具选择方面，通常会配备一套精致的茶具来享用下午茶，通过茶具的材质和款式体现主人的品位和身份。

人们在下午茶会上低声交流、谈心,以增进友谊,其氛围也非常轻松愉悦。这种下午茶文化体现了英国人对社交的重视和对热爱生活、追求品质的态度,是英式典雅生活形态的象征。

(4)美国茶文化

欧洲人移民到美国后,喝茶的习惯也随之带进了美国。茶叶对美国的影响较大,美国的独立就是由茶叶引起的。1773年,英国公布一项法令,规定只有英国东印度公司可以在北美殖民地垄断经营进口茶叶,法令的颁布引发了"波士顿倾茶事件"。当年12月16日,波士顿从事走私茶叶的商人们为了抗击英国东印度公司的垄断,将该公司货船上的茶叶倾倒进入海,随后,英国对北美殖民地实施高压制裁,这最终导致了美国独立革命发生。

在美国,茶消耗量仅次于咖啡。美国人喝茶的习惯虽源于欧洲移民,但也受美国工业文明影响较大,他们喝茶与喝咖啡一样,讲求效率和方便,更喜欢喝速溶茶,认为冲泡茶叶、倾倒茶渣是浪费时间的动作。

美国市场上源自东方的茶(如乌龙茶、绿茶等)有上百种,但多是罐装的冷饮茶(如柠檬红茶等)。美国人大多喜欢喝冰茶,通常他们会事先将灌装冷饮茶放入冰箱冰好或事先在冷饮茶中放入冰块,闻之冷香沁鼻,啜饮凉齿爽口。另外,除预装茶外,美国很多餐厅也以茶作为主要饮料,并且有在任何茶中(包括东方茶)加糖的习惯。

(5)土耳其茶文化

茶在土耳其人的日常生活中也占有重要地位。喝茶是人们很普遍的日常生活。在土耳其本土的黑海东南岸地区,土耳其人也种植茶树,生产的土耳其茶属于红茶的一种。

土耳其人好客热情,请到访的客人喝茶、咖啡或苹果茶是一种传统的习俗。土耳其茶茶味较苦，与香郁扑鼻的咖啡或酸酸甜甜的苹果茶相比，味道虽没有那么讨喜，但在土耳其的街上最多的不是咖啡厅，而是茶馆。土耳其人更喜欢到茶馆喝茶、谈天说地。

（6）埃及茶文化

埃及的饮茶历史由来已久。数百年前，阿拉伯人将茶叶经丝绸之路运达埃及，埃及人很快就接受了这种来自东方文明古国的神秘之物，饮茶之风也很快就深入寻常百姓之中。埃及也由此成为非洲国家中最大的茶叶消费国之一。

埃及人泡茶的流程较为复杂，使用的冲泡器皿也一般较小，比如小瓷茶壶、小玻璃杯等。泡茶时，埃及人会先将水放置在一种叫沙玛瓦特的茶炊上煮沸，然后将小瓷茶壶凑近茶炊下方的"水龙头"将沸水注入茶壶，再上下左右摇晃，让沸水与壶充分接触，进行温壶。埃及人泡茶的经验告诉他们，温壶以后茶香更容易被激发出来。他们倒掉温壶水后，又从茶炊冲入大半壶沸水，再放入一小撮茶叶，最后加满沸水，盖上壶盖后再将茶壶放到茶炊上加热片刻。

埃及人喜欢喝浓厚醇烈的红茶，加糖热饮是他们的习惯。埃及人喝茶的礼仪也很独特，喝茶时至少喝三杯，他们认为第一杯茶仅用来消除正餐中煎炒类食品的火气，第二杯茶才是真正的在品茶，一般不能少喝，只能多喝。

（7）摩洛哥茶文化

摩洛哥也是个酷爱饮茶的国家。与同是北非的埃及不同的是，他们喜欢中国的绿茶。这主要是因为摩洛哥地处炎热的非洲，以食牛羊肉为主，而绿茶具有消暑解渴、除油去腻的强大功效，这正好满足了他们健康饮食的需求。在摩洛哥，无论地位高低，很多人基本上每天要喝上一杯绿茶。

摩洛哥人对茶具的要求和品位也很高，很多摩洛哥茶具还是闻名世界的珍贵艺术品。精美的茶具通常都会被摩洛哥国王当作珍贵礼品赠送给来访贵宾。

摩洛哥人的泡茶流程也很讲究。冲泡绿茶时，先将茶叶投入茶壶，然后冲入少量的沸水后立即倒掉，再重新冲入开水，之后一般会加入适量白糖和鲜薄荷叶，泡一会儿后再倒在杯中饮用。加入薄荷后的茶香味清凉，泡过 2~3 次之后，可以适量添加茶叶和白糖，使茶味保持浓淡适宜、香甜可口。绿茶入口暑气顿消，提神醒脑，深受摩洛哥居民的喜爱。

除了这种用精美茶具、通过讲究的方法冲泡茶叶外，在摩洛哥的一些茶馆中还能享受到另一种风格的薄荷茶。他们先是将大锡壶放置在熊熊燃烧的灶上将水烧沸，然后根据客人的数量另取一小锡壶，将茶叶、白糖和新鲜薄荷叶投入其中，再将大锡壶中的滚水冲入小锡壶，最后放到火炉上烹煮，待水滚两遍后，将小锡壶里的薄荷茶倒给客人饮用。

除以上所介绍的部分国家特色茶文化外，世界上还有很多国家都有各具千秋的茶文化。这些国家的茶文化，不仅反映了他们所在国家和地区茶叶使用的历史，更是他们的历史、传统和生活方式的鲜活映照。

四、茶文化价值

茶在几千年的发展历史沿革中，发展历程长、影响大。尤其是茶文化在茶的发展过程中，随着影响力的扩大，其价值也不断得到扩大。从药用、食用、饮用等实用价值逐渐上升成了人类精神文明的重要部分，形成了茶精神、茶道、茶艺、茶礼、茶仪、茶谱、茶诗、茶画等系列茶文化形式，具有极高的历史、艺术、政治、经济及社会价值。

（一）历史价值

茶从药用、食用、饮用的发展，经历了几千年，具有极高的历史价值。茶的利用史是一部人类不断探索、有效利用和推动发展自然资源的历史，茶文化的传承与发展历史更是人类优秀文化传承与发展的典范。茶的利用与发展史研究对促进人与自然和谐共处、有效开发和利用自然资源具有重要意义。

（二）艺术价值

茶文化在发展的过程中呈现出极高的艺术价值。茶歌、茶舞、茶戏、茶曲、茶画、茶诗等茶文化艺术形式不仅很好地表现了人们对茶的热爱，更是人们对茶的深刻诠释。通过种种艺术手段，茶内涵、茶思想、茶哲学等茶文化得到了很好的传承与交流。比如茶歌，它是由中国茶区的茶农哼唱的带有浓郁乡土气息的民间小调，是茶农们的精神慰藉，带有自由和安逸的艺术气质。再如茶画，展现的是茶文化清新淡雅、平和冲突的审美艺术和美学追求，在中国画中有着特殊的地位。因此，不论是茶歌、茶画还是其他茶文化形式，都体现出了丰富多彩的艺术价值。

（三）政治价值

茶文化价值从最初的药用、食用和饮用等生活价值还扩大到了政治层面，具有很强的政治价值。从某种意义上来说，历朝历代对茶的开发和利用都是那个时代政治的一种反映，茶可被视为古代政治的象征物品。比如，西汉后期，作为匈奴和汉朝最初的朝贡、赏赐物品，茶显然带有更多的政治意义。这种朝贡、赏赐随后更发展为具有更多经贸往来倾向的贡赐贸易，是边疆政权归附中原王朝的交换筹码，成为中原王朝和边疆政权特殊的贸易形式。唐代，随着国力由强盛到衰弱，茶叶作为重要的出口物资，对促进贸易、增加国库收入、稳固皇权政治发挥了重大的政治价值。

（四）经济价值

茶叶自从成为商品在社会上开始流通后，本身就具有了极强的经济价值。随着茶贸易的不断发展，茶文化传播范围及自身的内涵发展也发生了很大变化，反过来，随着茶文化的发展历代茶产业也得到了进一步发展。现代，茶文化产业的发展对促进产业结构调整也同样具有重大意义。"一带一路"建设，提高了茶文化资源的利用率，促进了沿线地区茶文化产业的迅猛发展，对于缓解经济下行压力、产业结构升级发挥着不可或缺的作用。

（五）社会价值

茶不仅可以促进人们的身体健康和心理精神健康，还可以弘扬传统文化、增强社会团结与和谐、推动国际交流与合作以及体现礼仪和道德风范等，具有丰富的社会功能和价值。茶文化强调尊重、分享和互助等价值观，这些价值观有助于促进社会团结和和谐；茶文化以德为中心，重视人的群体价值，倡导无私奉献，反对见利忘义和唯利是图，这有利于促进社区文明建设，改变社会不正当消费活动，创建精神文明，同时也能促进社会进步；茶文化在各国间广泛传播和交流，成为各国人民相互了解和沟通的重要载体，有助于增进友谊、加强合作；茶道中的礼仪和规范体现了道德风范和人文精神，通过饮茶可以展现出对他人的尊重和感激之情，有助于提升个人素质和社会文明程度。在激烈的社会竞争和市场竞争中，个人参与茶文化可以使精神和身心放松，提高自身生活质量，丰富文化生活，从而更好地应对人生的挑战。

第三章　依据标准　识茶品类

一、茶品类划分

茶叶被利用至今，已发展出了众多品类。为了区分比较各种茶的异同，从古至今人们采用了多种方法对茶进行分门别类、合理排列，试图在混杂中建立起有条理的系统。因此，因划分依据不同，划分标准不一，对茶的划分方法也就各异，茶品类名称也就多种多样。

（一）分类基础

茶品类繁多，即便喜茶爱茶之士恐也难在众多品类中将茶类别做一详细分类。从茶的植物属性出发，以植物学的"人为分类"和"自然分类"两大分类系统为基础，可以大致将目前已有的茶的分类方法做一个梳理（见表3-1）。

表3-1　茶品类划分及各类别茶代表

分类系统	分类依据	划分品类及代表
人为分类系统	按茶叶加工工艺	绿茶、红茶、乌龙茶（也称青茶）、黄茶、白茶、黑茶六大类
	按茶产地	赣茶、浙茶、闽茶、台茶、滇茶、徽茶等
	按产茶季节	春茶、夏茶、暑茶、秋茶、冬茶
	按采摘时节	明前茶、雨前茶
	按茶质量品质	特级、一级、二级、三级、四级
		大众茶、名优茶
		绿色有机茶、无公害茶、一般常规茶
	按加工程度	初加工茶：如毛茶
		再加工茶：如精制商品茶、成品茶、压制茶等
		深加工茶：如速溶红茶、茶饮料、茶多酚提取物等
	按萎凋程度	萎凋茶：如白茶、红茶、青茶、乌龙茶
		不萎凋茶：如绿茶、黑茶、黄茶
	按发酵程度	不发酵茶：如绿茶
		轻发酵茶：如黄茶、白茶
		半发酵茶：如乌龙茶
		全发酵茶：如红茶
		后发酵茶：如普洱茶
	按创制时间	历史名茶：如顾渚紫笋、仙人掌茶等
		现代名茶：如高桥银峰、南京雨花茶等
	按配制方式	药茶、花茶、水果茶等
	按销售途径	外销茶、内销茶、边销茶和侨销茶

续表

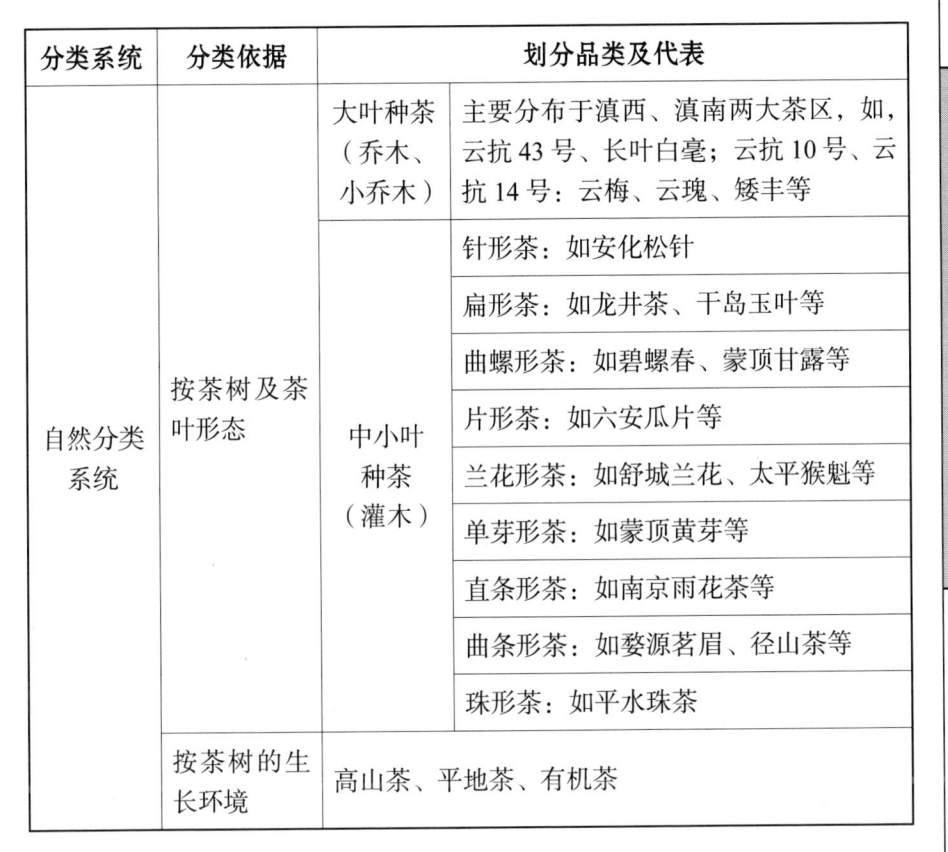

分类系统	分类依据	划分品类及代表	
自然分类系统	按茶树及茶叶形态	大叶种茶（乔木、小乔木）	主要分布于滇西、滇南两大茶区，如，云抗 43 号、长叶白毫；云抗 10 号、云抗 14 号；云梅、云瑰、矮丰等
		中小叶种茶（灌木）	针形茶：如安化松针
			扁形茶：如龙井茶、千岛玉叶等
			曲螺形茶：如碧螺春、蒙顶甘露等
			片形茶：如六安瓜片等
			兰花形茶：如舒城兰花、太平猴魁等
			单芽形茶：如蒙顶黄芽等
			直条形茶：如南京雨花茶等
			曲条形茶：如婺源茗眉、径山茶等
			珠形茶：如平水珠茶
	按茶树的生长环境	高山茶、平地茶、有机茶	

（二）分类依据

在人为和自然两大分类系统下，因加工工艺、产地、采摘季节、茶叶质量高低、加工程度、创制时间、销售形态、茶叶形态、茶树形态等方面的不同，茶叶分类也各有不同。从古至今，也没有完全规范化的茶叶分类方法。一般基于不同的目的或用途，会采用不同的分类依据进行分类，有时还会同时采用几种分类依据，从而对茶叶进行更为详细和科学的分类。

二、茶叶等级划分

茶在生产制作过程中，因制茶的工艺水平高低不一，所以茶叶在条索外形、色泽、整碎、净度、内质、香气、滋味醇厚度、汤色、叶底等方面会表现出较大差别，茶叶里所含营养物质保存的程度以及一系列的理化指标等也会不同。因此，人们在长期制茶、饮用茶的过程中，依据相关要素形成了对茶品质高低判定的标准，并依据标准对茶叶进行等级划分。划分等级不仅能更好地方便人们对茶进行区分与选择，还能推动茶叶生产标准化，保障茶叶生产质量，进而促进茶产业的健康发展。

（一）等级分类

按照成品茶的品质高低，通常划分为特级、一级、二级、三级、四级、五级、六级、七级、八级、九级、十级，共11个级别。其中，有的特级茶还会细分为特一级、特二级、特三级等，级别不同，茶品质也各异。

（二）等级划分依据

一般来说，目前各茶产区及茶叶生产企业主要依据茶叶的基础标准（色、香、味、品质要求等）、产品的质量标准（如感官品质指标、理化品质指标等）、国家卫生标准（灰尘、菌落等）对不同茶叶进行不同等级的划分。

（三）不同类别茶等级划分

1. 成品绿茶的等级划分及其特点

绿茶，通常是指采自茶树的新叶或芽，经杀青、整形、烘干等工艺制作而成的茶。绿茶因其干茶呈绿色，形态自然、色泽鲜绿，保留了鲜叶的天然物质，冲泡后茶汤呈碧绿、叶底呈翠绿色而得名。

成品绿茶依据基础标准进行等级划分，可被划分为特级、一级、二级、三级等多个级别。一般来说，高档绿茶的品质特征表现为：茶叶细嫩或肥嫩，色泽嫩绿或翠绿，香气浓郁，汤色清亮，滋味鲜爽回甘，叶底嫩绿明亮。而低档绿茶的品质特征则相对较差，茶叶较粗老，色泽黄绿，香气平淡或者带有苦涩味，汤色黄绿或者浑浊，滋味平淡或者带有苦涩味，叶底老绿。特级绿茶的品质特征最为优秀，口感鲜爽回甘，香气浓郁，汤色明亮；一级绿茶的品质特征次之，口感清爽回甘，香气较浓郁，汤色明亮；二级和三级绿茶的品质特征依次递减。

以西湖龙井茶为例，依据其品质的不同，其等级可以划分为特级、一级、二级、三级、四级五个级别，各级别西湖龙井的具体特征各有不同（见表3-2）。

表3-2 西湖龙井茶等级划分及其特点

等级	采摘时间	芽叶长度	形状	色泽	香气	汤色	滋味	叶底
特级	清明前	芽叶≤2.5cm	扁平光滑	嫩绿微黄	清醇鲜爽	清澈明亮	甘醇鲜爽	嫩绿匀整
一级	清明到谷雨	芽叶≤3cm	扁平光滑	嫩绿润泽	清高鲜爽	清澈明亮	醇和鲜爽	嫩绿匀整
二级	清明到谷雨	芽叶≤3cm	扁平有尖	绿润有光泽	高长鲜爽	绿明亮	鲜爽回甘	嫩绿匀整

续表

等级	采摘时间	芽叶长度	形状	色泽	香气	汤色	滋味	叶底
三级	清明后到谷雨前	芽叶≤3.5cm	扁平稍瘦	翠绿有光泽	清香鲜爽	黄绿明亮	醇爽回甘	嫩绿匀整
四级	谷雨后	芽叶≤4cm	扁平稍瘦	深绿有光泽	清香持久	深绿明亮	醇厚回甘	嫩绿尚匀

特级龙井茶：采摘时间为清明前，要求茶树长度在30厘米以下，芽叶长度不超过2.5厘米，形状扁平光滑，色泽嫩绿微黄，香气清醇鲜爽，汤色清澈明亮，滋味甘醇鲜爽，叶底嫩绿匀整。

一级龙井茶：采摘时间在清明到谷雨之间，要求采摘茶的芽叶长度不超过3厘米，形状扁平光滑，色泽嫩绿润泽，香气清高鲜爽，汤色清澈明亮，滋味醇和鲜爽，叶底嫩绿匀整。

二级龙井茶：采摘时间也在清明到谷雨之间，芽叶长度不超过3厘米，形状扁平有尖，色泽绿润有光泽，香气高长鲜爽，汤色绿明亮，滋味鲜爽回甘，叶底嫩绿匀整。

三级龙井茶：采摘时间在清明后到谷雨前，芽叶长度不超过3.5厘米，形状扁平稍瘦，色泽翠绿有光泽，香气清香鲜爽，汤色黄绿明亮，滋味醇爽回甘，叶底嫩绿匀整。

四级龙井茶：采摘时间在谷雨后，芽叶长度不超过4厘米，形状扁平稍瘦，色泽深绿有光泽，香气清香持久，汤色深绿明亮，滋味醇厚回甘，叶底嫩绿尚匀。

由于西湖龙井茶外形扁平挺秀，色泽翠绿，汤色青翠明亮，香气浓郁持久，滋味甘醇鲜爽，叶底嫩绿匀齐，因此有"色绿、香郁、味甘、形美"四绝的美誉。在西湖龙井茶产区所产的龙井茶中，以"狮峰龙井"为最上品。

2. 成品红茶的等级划分及其特点

红茶是以茶树新芽叶为原料，经萎凋、揉捻、发酵、干燥等一系列工艺过程精制而成的茶，属于全发酵茶。红茶因其干茶冲泡后的茶汤和叶底色呈红色而得名。

成品红茶等级划分受产地、原料、制作工艺、外形、香气、滋味、汤色和叶底等多个方面影响。目前依据基础标准，不同等级红茶主要从外形（条索、色泽）和内质（香气、滋味、叶底嫩度、叶底色泽）两个方面进行评鉴。级别越高的红茶，具有干茶外形条索越紧细，色泽乌润，茶汤香气鲜、嫩、甜，香气馥郁且持久，其滋味鲜醇、爽口，叶底柔嫩多牙，汤色红艳明亮等显著特点。而级别越低的红茶，其干茶外形条索紧细度、色泽乌润度越低。有的低等级的干茶外形条索粗松、色泽乌中稍带灰色，香气粗低或者没有香气、滋味粗淡或者带有苦涩味、叶底粗老且杂、汤色暗红。

以祁门红茶为例，根据外形和内质分为多个等级，包括礼茶、特级、一级、二级、三级、四级、五级、六级、七级（见表3-3）。

表3-3 祁门红茶等级划分及其特点

等级	外形	色泽	香气	汤色	滋味	叶底
礼茶	细嫩整齐，嫩毫和毫尖多	鲜艳泽润	高醇	红艳明亮	鲜甜清爽	嫩芽叶较多
特级	条索细整，嫩毫显露	润	高醇	红艳明亮	鲜甜清爽	嫩芽叶较礼茶少

续表

等级	外形	色泽	香气	汤色	滋味	叶底
一级	条索紧细，嫩毫明显	润	高浓	红艳明亮	具有果糖香	嫩、叶匀整、色红艳
二级	条索细紧，嫩度较一级弱	润	醇厚	色艳较明亮	醇厚有果糖香	芽条匀整，发酵适度
三、四级	条索较粗	乌黑	香高	色艳	味醇	叶匀整
五、六、七级	条索粗松	乌中带灰	粗低	红暗	粗淡	粗老

祁门红茶礼茶的干茶外形细嫩整齐，叶片嫩毫和毫尖多，色鲜艳泽润，香气高醇，茶汤有鲜甜清爽的嫩香味及独有的"祁红"风格；色泽红艳明亮。

特级祁门红茶的干茶外形条索细整，嫩毫显露，长短整齐，其色泽、香气、汤色等与礼茶差别不明显，只有叶底嫩芽叶比礼茶较少。

一级祁门红茶的外形条索紧细，嫩度明显，长短均匀，色泽润，香味高浓，具有"祁红"特有的果糖香；汤色红艳明亮，叶底嫩、叶匀整，色红艳。

二级祁门红茶的外形条索细正，嫩度较一级弱，色泽润；茶叶香味醇厚，有"祁红"的果糖香；汤色红艳但不及一级明亮，叶底芽条匀整，发酵适度。

三级、四级及祁红，一般均具有香高、味醇、形美、色艳的特点。

五级、六级、七级的祁门红茶，其外形条索粗松、色泽乌中带灰、香气粗低、滋味粗淡、叶底粗老、汤色红暗。

3.成品青茶的等级划分及其特点

青茶，又称乌龙茶，是经过杀青、萎凋、摇青、发酵、烘焙等工序后制出的茶类，属于半发酵茶，是中国几大茶类中，独具鲜明特色的茶叶品类。其成品茶的等级划分依据和标准受茶叶的外观、香气、滋味以及制作工艺等多个方面的影响，按基础标准划分，其等级依次划分为特级、一级、二级、三级、四级等，不同等级的青茶，特点各异。

从外观来看，等级较高的青茶通常具有细小而整齐的茶叶形态，色泽鲜润，而等级较低的青茶外观则大多显得较为粗大和毛糙。比如，特级青茶外形一般是独芽或一芽一叶，芽长于叶，长度在一定范围内；一级青茶则多为一芽二叶，新鲜且净度好；而二级或更低级别的青茶则可能包含更多展开的叶片，净度也可能稍差。

从香气和滋味的表现来看，高等级青茶通常具有浓郁的香气和醇厚的口感，而低等级青茶则可能在香气和滋味上稍显逊色。

此外，不同产地、不同品种和不同制作工艺的青茶，其等级划分也不同。比如，同为青茶的福建武夷山岩茶、安溪铁观音，因其产地、品种、炒制或烘焙工艺不同，其等级划分也就存在区别。

以安溪铁观音为例，其下划分为清香型和浓香型两大品类，再依据标准划分有不同等级（见表3-4）。

表 3-4　不同类型安溪铁观音等级划分及其特点

清香型安溪铁观音						
等级	外形	色泽	香气	滋味	汤色	叶底
特级	条索肥壮、圆结、重实	色泽翠绿润、砂绿明显	高香持久	鲜醇高爽、音韵明显	金黄明亮	软亮、尚匀整、有余香
一级	条索壮实、紧结	色泽绿油润、砂绿显	清香持久	清醇甘鲜、音韵明显	金黄明亮	软亮、尚匀整、有余香
二级	外形条索略肥壮、略结实	色泽绿油润、有砂绿	内质清香	滋味尚鲜醇爽口、音韵尚明	汤色金黄	叶底尚软亮、尚匀整、稍有余香
三级	外形条索卷曲、尚结实，洁净、有细嫩梗、尚匀整	色泽乌绿、稍带黄	内质清纯	滋味醇和回甘、音韵稍清	汤色金黄	尚匀整叶底尚软亮、稍有余香
浓香型安溪铁观音						
等级	外形	色泽	香气	滋味	汤色	叶底
特级	条索肥壮、圆结重实；匀整、洁净	色泽翠绿乌润、砂绿明	内质香气浓郁、持久	滋味醇厚鲜爽回甘、音韵明显	汤色金黄、清澈	叶底肥厚、软亮匀整、红边明、有余香
一级	外形条索较肥壮、结实、匀整、洁净	色泽乌润、砂绿较明	内质香气浓郁、持久	滋味醇厚、尚鲜爽、音韵明	汤色深金黄、清澈	叶底尚软亮、匀整、有红边、稍有余香

续表

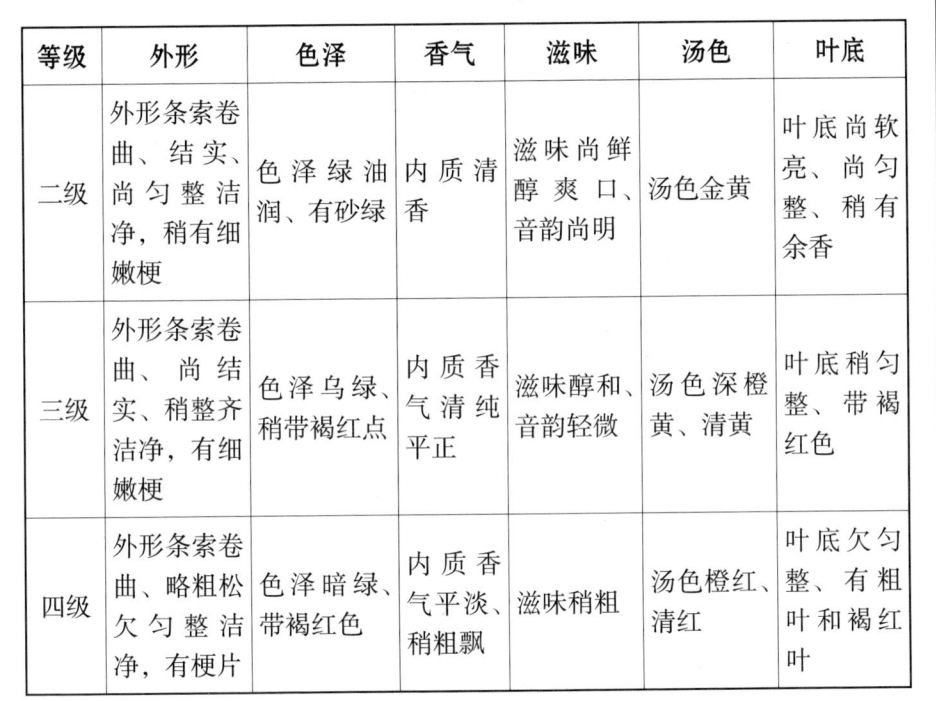

等级	外形	色泽	香气	滋味	汤色	叶底
二级	外形条索卷曲、结实、尚匀整洁净，稍有细嫩梗	色泽绿油润、有砂绿	内质清香	滋味尚鲜醇爽口、音韵尚明	汤色金黄	叶底尚软亮、尚匀整、稍有余香
三级	外形条索卷曲、尚结实、稍整齐洁净，有细嫩梗	色泽乌绿、稍带褐红点	内质香气清纯平正	滋味醇和、音韵轻微	汤色深橙黄、清黄	叶底稍匀整、带褐红色
四级	外形条索卷曲、略粗松欠匀整洁净，有梗片	色泽暗绿、带褐红色	内质香气平淡、稍粗飘	滋味稍粗	汤色橙红、清红	叶底欠匀整、有粗叶和褐红叶

清香型划分为特级、一级、二级、三级四个等级。不同等级的清香型铁观音特点各不相同。

特级：外形条索肥壮、圆结、重实；色泽翠绿润、砂绿明显；匀整洁净；内质高香、持久；滋味鲜醇高爽、音韵明显；汤色金黄明亮；叶底肥厚软亮，匀整、余香高长。

一级：外形条索壮实、紧结；色泽绿油润、砂绿显；匀整洁净；内质清香、持久；滋味清醇甘鲜、音韵明显；汤色金黄明亮；叶底软亮、尚匀整、有余香。

二级：外形条索卷曲、结实；色泽绿油润、有砂绿；尚匀整洁净，稍有细嫩梗；内质清香；滋味尚鲜醇爽口、音韵尚明；汤色金黄；叶底尚软亮、尚匀整、稍有余香。

三级：外形条索卷曲、尚结实；色泽乌绿、稍带黄；尚匀整洁净，有细嫩梗；内质清纯；滋味醇和回甘、音韵稍清；汤色金黄；叶底尚软亮、尚匀整、稍有余香。

浓香型划分为特级、一级、二级、三级、四级五个等级。不同等级的浓香型铁观音特点各不相同。

特级：条索肥壮、圆结重实；色泽翠绿、乌润、砂绿明；匀整、洁净；内质香气浓郁、持久；滋味醇厚、鲜爽回甘、音韵明显；汤色金黄、清澈；叶底肥厚、软亮匀整、红边明、有余香。

一级：外形条索较肥壮、结实；色泽乌润、砂绿较明；匀整、洁净；内质香气浓郁、持久；滋味醇厚、尚鲜爽、音韵明；汤色深金黄、清澈；叶底尚软亮、匀整、有红边、稍有余香。

二级：外形条索略肥壮、略结实；色泽乌绿、有砂绿；尚匀整洁净；洁净、稍有细嫩梗；内质、香气尚清高；滋味醇和鲜爽、音韵稍明；汤色橙黄、深黄；叶底稍软亮、略匀整。

三级：外形条索卷曲、尚结实；色泽乌绿、稍带褐红点；稍整齐洁净，有细嫩梗；内质香气清纯平正；滋味醇和、音韵轻微；汤色深橙黄、清黄；叶底稍匀整、带褐红色

四级：外形条索卷曲、略粗松；色泽暗绿、带褐红色；欠匀整洁净，有梗片；内质香气平淡、稍粗飘；滋味稍粗味；汤色橙红、清红；叶底欠匀整、有粗叶和褐红叶。

从表3-4可以看出，安溪铁观音茶叶在不同等级间的主要区别在于外形、色泽、香气、滋味、汤色和叶底等方面的变化。随着等级的降低，茶叶在这些方面的表现逐渐减弱。例如，特级铁观音的香气和滋味通常比三级铁观音更为强烈和高雅。此外，不同等级的铁观音茶叶在价格上也存在较大差异。例如，特级铁观音的价格通常远高于三级铁观音。

4. 成品黄茶的等级划分及其特点

黄茶是将采摘的鲜茶叶经过杀青、闷黄等步骤制作而成的茶，较绿茶多了一道闷黄工艺，属于轻发酵茶类，具有"黄叶黄汤"的品质特点。黄茶历史悠久，主要有蒙顶黄芽和霍山黄芽两种较为知名。西汉至唐之前的黄茶为晒青工艺制成，蒙顶黄芽因其芽头树梢时有微黄现象而得名，而霍山黄芽纯粹是因为芽头天然发黄而被称为"黄芽"。

黄茶的闷黄技术在明朝正式出现。霍山黄芽采用三锅或者两锅杀青，高火烘，湿闷，延长摊放时间，缓慢氧化发酵的技术，解决了炒青韵味保存不够长久、陈化较快口感较苦涩等问题，而且茶叶中的低色素氨基酸含量高，茶香呈现高甜度高香的特点，茶汤口感接近绿茶，但内含物充分转化，茶品质更为突出。蒙顶黄芽芽头紧致，通过三炒三闷的技术，炒黄与闷黄互相结合，制成后的蒙顶黄芽极易保存，茶叶也因黄变而口味变得更甘甜，韵味独特，品质更加优秀。

因黄茶制作程序极度繁复，成本高昂，所以早期的蒙顶黄芽主要供应皇室，平民少有饮用。霍山黄芽不光供应皇室，同时也经由山西、陕西的商人传播，经销我国北方地区。明清时期，黄茶发展鼎盛，出现了制作工艺更为简便的新黄茶品种——霍山黄大茶，黄茶由此从贵族茶开始演变为平民茶。清代，全国各地出现了很多黄茶，比如，君山银针、远安鹿苑、温州黄汤、贵州海马宫茶、广东大叶青、莫干黄芽等。

优质黄茶醇和甜爽，韵味不同于绿茶，但因其外形色泽上与绿茶相近，因此两者不容易区分。在市场上出售的黄茶除蒙顶黄芽、霍山黄芽、霍山黄大茶等带有"黄"字方便辨别外，其他很多黄茶都被当成绿茶饮用。

黄茶等级高低划分主要以外观、汤色、茶香甜度和韵味等为依据。"黄叶黄汤"是黄茶的共性，但不同等级黄茶的"黄"各有不同，其外观黄变有微黄、金黄、嫩绿微黄、焦黄等，有很大的黄变范围。从外观来说，并不是越黄越好，衡量一款黄茶等级的高低，更多的在于是否参照此种黄茶的原料、产地、气候等本来面目去加工，是否体现其茶香甜度和韵味。

黄茶等级通常分为特级、一级、二级等多个等级。以安徽省六安霍山县金鸡山的霍山黄芽为例，其下划分为特一级、特二级、一级、二级四个等级（见表3-5）。

表3-5 霍山黄芽等级划分及其特点

等级	外形	色泽	香气	滋味	汤色	叶底
特一级	形似雀舌，有微黄色披毫	色泽嫩绿	清高、有熟板栗香	醇厚回甜	稍绿，黄而明亮	黄绿明亮，嫩匀厚实
特二级	雀舌形干茶占三分之二以上	色泽嫩绿	清高	醇厚回甜	黄而明亮	黄绿明亮，嫩匀厚实
一级	至少三分之一呈雀舌形，整体匀齐	黄而明亮	香气明显	醇甘	黄绿	厚实
二级	老茶叶较多，约占二分之一	带有微黄	香气清新但难以持久	微有醇甘	稍显黄绿	厚实

特一级：干茶茶叶色泽嫩绿，形似雀舌，带有微黄色泽的披毫，冲泡后一芽一叶初展程度可达九成以上，外形旗枪，茶汤稍

绿、黄而明亮、内质香气清高、醇厚回甘，有熟板栗香，叶底黄绿明亮，嫩匀厚实。

特二级：茶叶色泽嫩绿，雀舌形干茶占三分之二以上，冲泡后一芽一叶初展程度可达到八成，外形旗枪，茶汤黄而明亮、内质香气清高、醇厚回甜，叶底黄绿明亮，嫩匀厚实，各方面特质均略逊于特一级。

一级：主要看干茶中较老茶叶的含量，老茶相对较少的则质量更优，霍山黄芽一级干茶中至少需有三分之一的外形是呈雀舌形，整体匀齐，茶汤黄而明亮，香气明显，醇甘，叶底黄绿厚实。

二级：干茶中老茶叶较多，约占二分之一。茶汤色泽带有微黄，香气清新，但难以持久，微有醇甘。

5. 成品白茶的等级划分及其特点

白茶是我国的传统名茶，是六大茶类之一。在制作白茶过程中，鲜茶采摘后不经过杀青或揉捻，待其萎凋后，通过日晒或文火干燥加工制成，属于微发酵茶。制作白茶采摘的新鲜芽叶大多选择的是那些细嫩且叶背上白茸毛较多的叶片，加工时由于没有经过揉炒，叶片上的白色茸毛能够较好地保留下来。因此，其干茶外表看起来会有一层白茶色，故称为"白茶"。

根据地区不同，树种不同，鲜叶的采摘标准也各不相同。根据采摘的先后顺序及采摘标准不同，白茶可分为芽茶和叶茶两大类，具体又可分为白毫银针、白牡丹、贡眉和寿眉四个等级，其中白毫银针属于芽茶，白牡丹、贡眉、寿眉属于叶茶（见表3-6）。

表 3-6　白茶等级划分及其主要特点

类别	等级	外形	色泽	香气	汤色	滋味	叶底
芽茶	白毫银针	芽针肥壮，挺直如针	满披白毫，色泽银亮	毫香清鲜、淡淡的花香或果香	晶亮，呈浅杏黄色	鲜爽微甜，滋味醇厚，回甘悠长	芽头肥壮，柔软有弹性，色泽银白
叶茶	白牡丹	一芽一叶	白毫明显	毫香清鲜、带有新花果香	杏黄清亮，清澈透明	滋味鲜爽	叶底浅灰，脉络微红，柔软有弹性
叶茶	贡眉	一芽二叶或三叶，叶细长，色泽灰绿	白毫细小但毫心明显	清香带毫香	明亮透彻，深黄或橙黄色	滋味鲜爽，有一定的醇厚感，有时带有淡淡的木质香	叶底色泽黄绿，柔软有弹性，叶片较完整
叶茶	寿眉	叶子较大，含有一些茶梗	色泽灰绿或黄绿	清香带木质香，有时带有淡淡的果香	橙黄或琥珀色，清澈明亮	口感醇厚，带有一定的甘甜和木质香，滋味浓郁	色泽黄绿或暗绿，柔软有弹性，叶片较大，有时带有茶梗

白毫银针是采摘自茶树第一颗冒出来的芽头，一般为单芽，

芽头上常会留有茶树过冬留下的小余叶；在茶树长新芽的中后期采摘的叫中期银针、尾针和剥针。白毫银针干茶的特点是毫香明显、芽头肥壮、汤色黄亮、滋味鲜醇、叶底嫩匀等，属于白茶中的极品。

白牡丹是待银针采摘完后，茶叶长至一芽一叶或一芽二叶时采摘制作而成，等级越高的牡丹叶间距越短，白牡丹干茶花香交织着毫香。

贡眉和寿眉是白牡丹采摘完后采摘制作的白茶，一般为一芽二、三或四叶，干茶较为粗枝大叶，芽头相对较少，干茶花香较为浓郁。

表3-6中所列主要基于常见的分类方式。白茶的等级划分因地区、品牌、采摘时间及生产工艺的不同也存在一定的差异。

白茶的香气和滋味会因存放时间、制作工艺以及冲泡方式不同而有所变化。白茶在存放过程中，茶叶内含物会氧化降解，导致香气、滋味和汤色等方面发生变化。因此，基于茶叶的存放时间和自然转化过程，通常也有新白茶和老白茶之分。新白茶通常指存放三年以内的白茶，而老白茶则指存放三年以上的白茶。老白茶在香气上通常更为浓郁沉稳，滋味上也更加醇厚甘甜，还可能带有药香、陈香等更为复杂的香气。新白茶则通常具有清新的香气和鲜爽的滋味。

6. 成品黑茶的等级划分及其特点

黑茶是六大茶类之一，属于后发酵茶，是我国特有的茶类。黑茶制作工艺较为繁杂，一般每年6月中下旬芒种前后采摘鲜茶，通过杀青、揉捻、渥堆、干燥等工艺制成，其中渥堆是黑茶品质形成的关键工序。因黑茶所用原料较为粗老，在加工过程中堆积发酵时间较长，形成干茶色泽油黑或黑褐，故名"黑茶"。我国黑茶生产历史悠久，花色品种丰富，主要产于云南、湖南、湖北、广西等地。

由于特殊的发酵过程，黑茶茶叶的内质饱满，属性温和，干茶茶质粗老厚实，外观色泽乌黑油润或呈黄褐色。黑茶茶汤滋味醇厚滑顺，甘甜细腻，喉韵充足；香气多样，如槟榔香、陈香、木香、药香等，且持久耐泡。黑茶还具有"越陈越香"的特点，随着存放时间的延长，其香气和口感会更加醇厚。比如普洱茶、茯茶、花砖茶、老青茶等。

黑茶的等级划分因产地和制作工艺不同而有所差异。以湖南安化黑茶为例，其等级划分为特级、一级、二级、三级四个等级，不同等级其特点不同（见表3-7）。

表3-7 湖南安化黑茶等级划分及其特点

等级	原料嫩度	外观	香气	滋味	汤色	叶底
特级	一芽一叶或二叶初展	条索紧卷圆直，色泽乌黑油润，净度匀齐洁净	纯正，松烟香浓，存放后更加浓郁	浓醇顺滑，回甘明显，口感醇厚	橙黄明亮，清澈透亮，存放后可能变为红黄透亮或棕红色	黄褐，柔软有弹性
一级	一芽二、三叶	条索紧卷，色泽黑润，净度匀齐洁净	纯正，松烟香浓	醇和，回甘明显	橙黄明亮	黄褐，略带暗色

续表

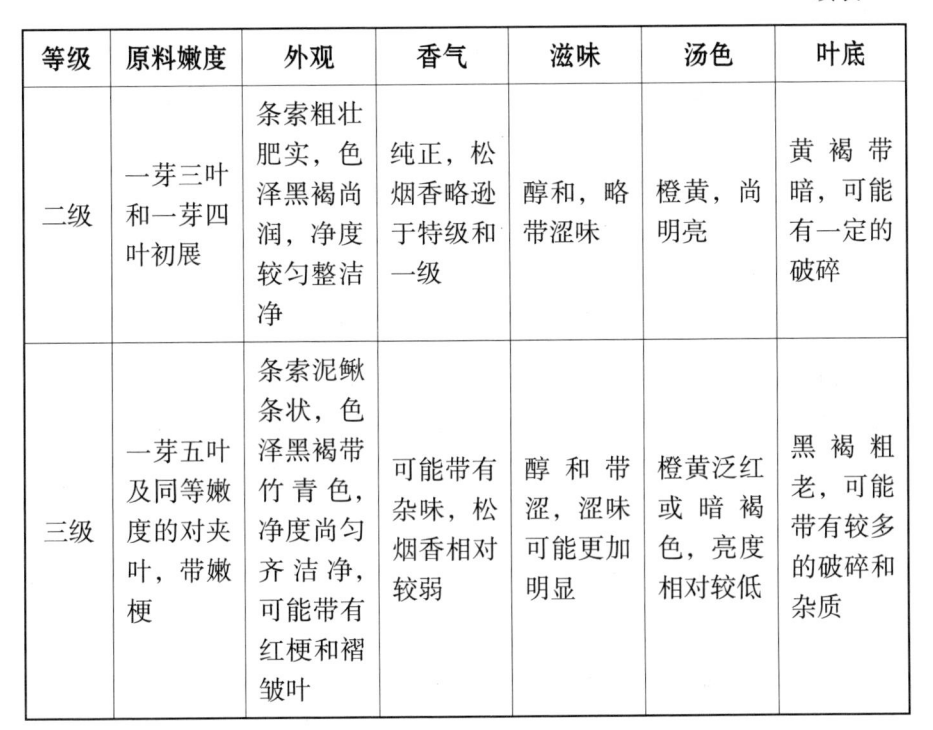

等级	原料嫩度	外观	香气	滋味	汤色	叶底
二级	一芽三叶和一芽四叶初展	条索粗壮肥实，色泽黑褐尚润，净度较匀整洁净	纯正，松烟香略逊于特级和一级	醇和，略带涩味	橙黄，尚明亮	黄褐带暗，可能有一定的破碎
三级	一芽五叶及同等嫩度的对夹叶，带嫩梗	条索泥鳅条状，色泽黑褐带竹青色，净度尚匀齐洁净，可能带有红梗和褶皱叶	可能带有杂味，松烟香相对较弱	醇和带涩，涩味可能更加明显	橙黄泛红或暗褐色，亮度相对较低	黑褐粗老，可能带有较多的破碎和杂质

特级：原料嫩度最高，一般以一芽一叶或二叶初展的鲜叶为主，这些鲜叶通常在谷雨前后采摘；外形条索紧卷圆直，色泽乌黑油润，净度匀齐洁净；香气纯正，松烟香浓，随着存放时间的增加，香气会更加浓郁；滋味浓醇顺滑，回甘明显，口感醇厚；汤色橙黄明亮，清澈透亮，随着存放时间的增加，可能逐渐变为红黄透亮或棕红色；叶底黄褐，柔软有弹性。

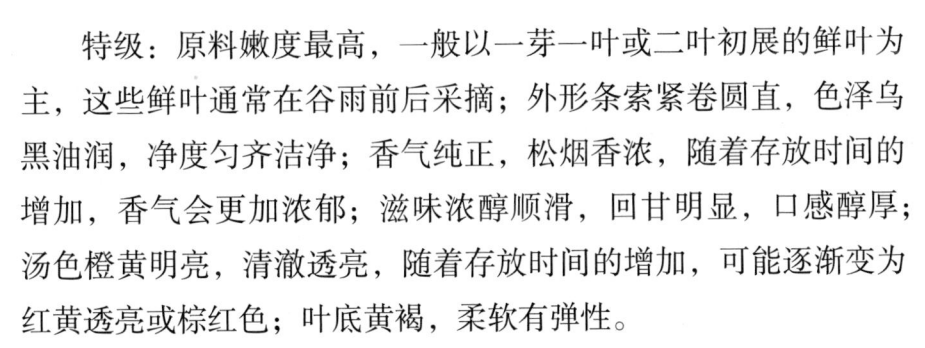

一级：原料嫩度次之，以一芽二、三叶的鲜叶为主，这些鲜叶多在谷雨后或四月下旬采摘；条索紧卷，色泽黑润，净度同样匀齐洁净；香气纯正，与特级差别不大；滋味醇和，尚浓，回甘也较为明显；叶底同样黄褐，但可能略带暗色。

二级：原料嫩度进一步降低，以立夏前后或五月上旬的一芽三叶和一芽四叶初展的鲜叶为主；条索粗壮肥实，色泽黑褐尚润，净度较匀整洁净；香气同样纯正，但松烟香可能略逊于特级和一级；滋味醇和，但可能略带涩味；汤色橙黄，尚明亮，但可能不如特级和一级透亮；叶底黄褐带暗，可能有一定的破碎。

三级：原料嫩度相对较低，以小满前后的一芽五叶及同等嫩度的对夹叶为主，并可能带有嫩梗；条索有的呈现泥鳅条状，色泽黑褐带竹青色，净度尚匀齐洁净，有的带有红梗和褶皱叶；香气虽然纯正，但可能带有一定的杂味，且松烟香相对较弱；滋味醇和带涩，且涩味可能更加明显；汤色可能呈现橙黄泛红或暗褐色，且亮度相对较低；叶底黑褐粗老，可能带有较多的破碎和杂质。

三、茶叶检测及鉴评

由于茶鲜叶不是最终茶叶产品，其产品的形成需要经过加工，塑造品质才能进入市场。因此，茶鲜叶每个加工环节都存在着品质问题，每个工序都要经过品质鉴定才能进入下一道工序，成品要对照国家（或地方）标准进行品质检验，才能进入商品市场。通过检测，可以让消费者更好地了解产品的品质以及卫生安全；可以用于入驻各类销售平台或商城超市；可以按采购商要求，进行品质日常监督，接受国家或所在地方的抽检，进出口的商检以及商品生产许可证办理、审核和监督检验等。尤其是在科学研究及其成果鉴定中，往往要经过审评检验来确认成果的可靠性及评定其等级的高低。因此，茶叶审评与检验，对茶叶生产起着指导和促进作用，对科学研究起着一个客观评定的作用，一向被看成是茶叶生产的关键。

（一）茶叶检测

茶叶检测一般包括茶叶质量检测、茶叶农残检测等。绿茶类、红茶类、青茶（乌龙茶）类、白茶类、黄茶类、黑茶类、花草茶、紧压茶、袋泡茶、茶砖、各种地理标志产品茶叶以及茶制品（如茶粉，固态速溶茶、茶多酚、茶饮料等）的产品检测内容一般包括，产地、感官评级（看、闻、品）、茶叶食品安全（包括农残、非法添加剂如合成色素、人工色素，二氧化硫等食品添加剂、铅、铜、稀土元素等食品污染物），茶叶的质量（如茶梗、茶渣、水分、灰分等），茶叶的功效成分（如茶多酚、咖啡因、硒等）等。

国家相关部门（国家茶叶质量监督检验中心）对茶叶的检测，一般是采用科学研究产生的标准检测，以及一些约定俗成的其他标准检测来完成。

（二）茶叶鉴评

专业鉴评茶叶品质高低，通常采用干、湿评相结合的方式。干评是指通过对干茶外形、色泽、净度等方面的观察来鉴定其品质；湿评是指通过冲泡干茶后，通过观察与品尝茶汤来鉴定其品质。将两者相结合，进行综合评价，从而形成对茶品质的全面评价与鉴定。

1. 干茶外形鉴评（干评）

主要依据干茶的形状、粗细、色泽、嫩度、干湿度、整齐度、净度等方面来鉴定。

形状方面：鲜茶经过不同手法制成干茶后，形状会呈现出不同的状态，常见的干茶形状有卷曲形、长条形、圆形、扁形、针形、雀舌形等。不同茶叶品种、不同等级干茶的形状呈现要求不一样。

高品质绿茶一般都有外形挺直均整，白毫显露，摸上去是很完整紧实等特点。比如，杭州西湖龙井（绿茶）的外形呈现扁平光滑；江苏南京的雨花茶、江西的婺源茗眉等因采摘单芽制成，外形一般呈茅状。如果条索摸上去感觉是松散的，叶表也是粗糙、轻飘的绿茶，品质一般都不高。

乌龙茶中的极品铁观音，其外形特征呈卷曲条状，肥壮圆结，沉重匀整，色泽砂绿，整体形状似蜻蜓头，螺旋体、青蛙腿。

红茶中的工夫红茶外形以条形为主，也有部分卷曲形的，红碎茶外形呈细小的颗粒状。比如，优质祁红的品质特点为外形细紧，苗锋良好；滇红外形肥壮，显露金毫；川红工夫则外形条索肥壮圆紧，显金毫。黑茶、普洱茶主要以紧压茶为主，有砖块状、坨状（下凹窝窝形）、饼状、瓜状等不同的形状。当然也有散茶，比较常见的是紧压茶。

色泽方面：好的绿茶色泽翠绿或黄绿，油润有光泽，而劣质的绿茶色泽灰暗、深褐，没有光泽。乌龙茶属于半发酵茶，优质乌龙茶色泽青褐似铁，因此也称为"青茶"。典型的乌龙茶干茶叶体中间呈绿边，边缘呈红色，素有"绿叶红镶边"的美称。优质红茶的颜色应该是色泽乌黑油润，金毫显露；凡是色泽不一，呈暗无光泽的棕褐色等情况均为次等，如粗老的红碎茶。黑茶是全发酵茶，干茶的颜色呈乌黑色泽。

整碎匀度方面：茶叶的整碎匀度是指茶叶在加工过程中，经过筛分、拣剔等工序后，形成的茶叶外形颗粒大小、形状、整齐度等指标的综合体现。一般来说，绿茶由于加工较为简单，茶叶形状不容易受到破坏，因此整碎匀度都较好；而乌龙茶、红茶、黑茶等半发酵、全发酵茶制作工艺较为复杂，茶叶一般较易碎。

无论哪种类型的茶，整碎匀度越高，一般品质就越好。这不仅是因为整碎匀度影响茶叶的外观美感，还因为它是影响茶叶口感和香气的重要原因。名茶、精茶、成品茶都很重视整齐度，优质毛茶基本上要求保持茶叶的自然形态，完整的为好，断碎的为差。因此，在茶叶的生产和加工过程中，要注意控制好筛分、拣剔等工序，以确保茶叶的整碎匀度达到一定的标准。

干湿度方面：一般毛茶的含水量应控制在6%~7%，这样湿度茶叶的品质相对较为稳定；若含水量超过8%，茶叶比较容易发生陈化；含水量达到甚至超过12%的，茶叶很容易发生霉变。茶叶干湿度的测定可用仪器实现精准测度。因为不同含水量的茶叶，其外观表现和感觉是不同的，所以一般经验丰富的评茶师或制茶师可以通过手测来判定茶叶的干湿度。具体做法是：结合"看、听、嗅"等感官方式，通过"抓、握、压、捏、捻、折"等动作，判断出茶叶的干湿度。

2. 泡茶鉴评（湿评）

泡茶鉴评又分品饮泡茶和鉴定泡茶两种方法。

品饮泡茶是指为了更好地欣赏、享用茶，采取最适合这一种茶的水温、茶水比例与浸泡时间，泡出最能代表该种茶品质特性的茶汤，由此来评判该茶品质的高低。

鉴定泡茶法是用来比较几种茶在品质与茶性上的差别，是在统一设定的条件下，用标准的器具将茶泡出，然后审看每种茶在同一状况下的汤色、香气、滋味，甚至外观上的差异与特性。各种不同类别的茶通过鉴定比较，泡茶时的置茶量、冲泡时间、水温控制等就可以做区分。比如，当某种茶样的茶汤特别浓时，我们就知道这茶样所代表的那批茶的"水可溶物"特别丰富，平时饮用时的置茶量要少一些或浸泡的时间短一些。如果样茶茶汤的苦味特别重，那就代表在泡茶时需要将水温降低一点。

一般来说，泡茶鉴评可通过观汤色，闻香气，验滋味、口感，看叶底等角度进行。具体标准如下：

汤色审查，主要观察茶汤颜色是浓还是淡、汤液是明亮具油光，还是浑浊晦暗。茶汤颜色浓稠，汤液明亮且具有油光，那说明此茶叶品质较高，反之则低。

香气审查，首先，在开汤后，先闻杯中茶渣的香气，以鼻吸气，鉴评香气的浓、淡、纯、浊以及有无青臭味、烟味、焦味、油臭味、闷味或其他异臭味。然后将茶汤啜入口中，用舌尖振动汤液，鉴评滋味，之后再将口腔中茶叶的香气经鼻孔呼出，再度鉴评茶叶的香气。

滋味、口感审查，待茶汤温度降至40~45℃时，取茶汤5~10毫升含入口中，以舌尖不断振动汤液，使茶汤连续与口腔各味觉细胞及黏膜充分接触，从而分辨汤质的甘醇、苦涩、浓稠、淡薄及其活性、刺激性、收敛性等。

叶底审查，主要观察开汤后茶渣的色泽、叶面展开度、叶片及芽尖是否完整无破碎，以此作为判断茶芽的老嫩程度、均一性及发酵程度是否适当等。

当然，由于各类茶的加工工艺不同，鉴评时依据的具体标准与要求、鉴评的具体方法也有很大不同。比如，红茶与绿茶在干茶外形、色泽、茶汤颜色、香气、滋味、叶底等方面评鉴的标准与要求就均存在很大差异，不能一概而论，需依相关标准进行具体评鉴。

第四章 明晰医理 识茶特性

一、茶性医理与利用

茶性就是指茶叶表现出来的性味及特点。作为中国人生活中不可或缺的日常食物，茶是饮品，除了满足解渴的基本需求之外，茶还有养生治病的功能，我们从茶上获得的最大收获之一就是健康。茶之所以能治病，是因为茶有所偏性，有功效主治，这些都与常规中药类似。中医认为人的体质有燥热、虚寒之别，茶叶经过不同的制作工艺，也有凉性及温性之分。体质不同，饮茶也有讲究，不管是喝什么茶，适当的场合、时间喝适当的茶才能发挥最好的效果，起到最好的保健功效。善于饮茶者，会越饮越健康。

（一）茶性医理

在中国历代茶叶史料中，关于茶叶与药用的记载众多。《神农本草经》记载："神农尝百草，一日而遇七十二毒，得荼以解之。"此处的"荼"即现在的"茶"。《神农食经》记载："茶茗久服，令人有力、悦志。"《食鉴本草》称：茶之气清，能解山岚瘴病之气、江洋露雾之毒，及五辛炙煿之热。东汉著名医学家华佗在其《食论》中说:"苦茶久食益意思。"晋代张华《博物志》记载:"饮真茶,令人少眠。"唐代陈藏器《本草拾遗》记载:"诸药为百病之药,茶为万病之药。"李时珍更是在《本草纲目》中说:"茶苦而寒,最能降火。火为百病,火降则上清矣。"历代医家都根据中医药理对茶性进行了分析,性味归经,茶气清薄,气薄则发泄,属阳中之阴,具有发泄、通气、解酒食之毒、解炙油腻之毒等功效。除历代医家研究分析外,历代文人墨客也在著作中多有对茶的药性描述,比如,梁代陶弘景在其《杂录》中描述"苦茶轻身换骨",唐代陆羽《茶经》说"茶之为用,味至寒,为饮最宜""若热渴、凝闷、脑疼、目涩、四肢烦、百节不顺,聊四五啜,与醍醐甘露抗衡也",唐代刘贞亮总结了饮茶有"十德",唐代顾况在《茶赋》中说茶有消食去腻、解暑驱睡的功效等。因此,可以说,中国人在对茶的利用过程中始终都贯穿着对茶的药理与药性研究。

现代科技发达,对茶的药理分析非常详细。目前研究发现,茶叶中含有500多种化学成分,其中有机化合物有450种以上,无机矿物质元素不少于20种。主要成分包括嘌呤类生物碱、茶多酚,其中以咖啡碱(caffeine)为主,含量为1%~5%,并含有微量的可可豆碱(Theobromine)、茶碱(Theophylline)和黄嘌呤(Xanthine)。绿茶中含缩合鞣质10%~24%,红茶约6%。

经药理分析证明,在这些成分中,茶多酚及其氧化物有很好的抗氧化作用,对心血管疾病、人体免疫功能调节、防癌、抗癌、杀菌、消炎、抗病毒、防辐射等均有很好的影响。咖啡碱对中枢神经系统有明显的兴奋作用。饮用茶水可使人精神兴奋,能促进新陈代谢,对糖尿病患者增加分泌胰岛素有辅助作用;茶叶中的咖啡碱还能直接兴奋心脏、扩张冠状血管,对末梢血管有直接扩张的作用。此外，咖啡碱还能激活消化功能，使消化液增多，有促进消化的作用。

茶叶中的茶碱有松弛平滑肌的作用，对治疗支气管哮喘、胆绞痛等有疗效；茶叶中的茶多酚对人体脂肪代谢有着重要的作用，可以降低血液中胆固醇和中性脂肪，降低血液黏度，同时茶叶中含有大量的维生素C和维生素P，具有软化血管、清洁血管、增强血管柔韧度的功效，可以有效防止动脉硬化和高血压的发生；茶叶中的鞣质有收敛肠胃的作用，能止渴解油腻。此外，茶叶中所含的茶多糖有降血糖、血脂、血压的作用；氨基酸有增强机体抗病能力；维生素含量高，能有效补充并增强人体各项机能等。

因此，从临床应用来说，茶具有很强的辅助治疗作用。但也正因如此，有相关病症的人群在选择是否饮茶或饮什么茶时也需要慎重，最好根据医生的建议有选择性地饮茶。

（二）茶性利用

不同的茶因制作工艺不同，茶特性各不相同，茶的药性医理有很大差别。因此，在日常喝茶及利用茶的药性进行保健治疗或养生的过程中，既要全面地了解茶的功效，又要依据茶的药性功效来辨证饮用。

1. 清利头目

古人利用茶尤其是绿茶来清利头目的例子举不胜举。例如，茶之所以能泻热、清神、消食，皆在于其味苦甘微寒。而其能下气消食，去痰热，除烦渴，清头目。唐代顾况作《茶赋》称："滋饭蔬之精素，攻肉食之膻腻，发当暑之清吟，涤通宵之昏寐。"古人认为，凡虚火上浮导致的头目不爽，或头晕，或头重，或眼睛模糊，或有眼屎，或眼红眼涩，都可先服几杯绿茶。这其实和茶中含有丰富的维生素A有关，因为维生素A可预防夜盲症与干眼病。

2. 清心养生

茶能入肺、入心、入脾，有清痰利水、清热解毒、清涤垢腻、解炙煿之毒的功效。凡一切食积不化、头目不清属湿滞痰涎不消，二便不利、消渴不止，及一切便血、吐血、衄血、血痢、火伤目疾等热症，常饮绿茶都能有很好的效果。《本草乘雅半偈》对茶的养生作用有精辟点评，曰："茗，味若甘，微寒，无毒。主险烦止渴，消痰下气，解酒食油腻、炙煿之毒，利大小肠，通小便。久食令人瘦，去人脂，使人不睡。其气清香，能升能降，阳中阴也。"这段话非常精彩，点明了茶的养生功效，令人读后激发欲饮一两杯茶的冲动。

3. 利水利尿

在茶中的咖啡碱和芳香物质联合作用下，可增加肾脏的血流量，抑制钠离子、氯离子和水的再吸收，提高肾小球过滤率，扩张肾微血管，并抑制肾小管对水的再吸收。由此促成尿量增加，有利于排除体内的乳酸、尿酸（与痛风有关）、过多的盐分（与高血压有关）、有害物等，以及缓和心脏病或肾炎造成的水肿。

4. 消炎杀菌

茶中的多酚类化合物具有消炎的效果。经实验发现，儿茶素类能与单细胞的细菌结合，使蛋白质凝固沉淀，借此抑制和消灭病原菌。所以细菌性痢疾及食物中毒患者喝茶（尤其是红茶）效果很好，民间也常用浓茶涂伤口、褥疮和香港脚。用茶水（尤其是红茶水）漱口，可以预防因病毒引起的感冒、防龋齿，并具有较强的杀菌、消炎作用。

5. 清热解毒

据实验证明，茶中的茶多碱能吸附重金属和生物碱，并促其沉淀分解，这对饮水和食品受到工业污染的现代人而言，不啻一项福音。此外，还能起到一定的抗癌、抗辐射等功效。

6. 提神消疲

医学实验发现，茶中的咖啡碱借由大脑皮质来兴奋神经中枢，促成提神、思考力集中，进而使思维反应更敏锐，记忆力增强。此外，它也对血管系统和心脏具有兴奋作用，强化心搏，从而加快血液循环以促进新陈代谢，同时又促进发汗和利尿。由此，双管齐下地加速排泄乳酸（使肌肉感觉疲劳的物质）及其他体内老废物质，达到消除疲劳的效果。

7. 生津清热

因为茶中的多酚类、糖类、氨基酸、果胶等会与口涎产生化学反应，刺激唾液分泌，导致口腔觉得滋润，并且产生清凉感。因此，夏天饮茶能止渴消暑。同时咖啡碱控制下视丘的体温中枢，调节体温，它也帮助肾脏以促进热量和污物的排泄，维持体内的生理平衡。因此，红茶可以帮助胃肠消化、促进食欲，可利尿、消除水肿。

8. 降血糖、血压、血脂

茶叶中含有丰富的茶多糖，在与茶氨酸、生物碱和类黄酮物质共同作用下，可以使血管壁松弛、血压下降。还能有效控制胰岛素的分泌量，延缓葡萄糖的肠吸收，分解体内血液多余的糖分，促进血糖平衡。因此，茶能有效降低血糖、血压、血脂。此外，它还能降低血液黏稠度，防止红细胞集聚，改善血液高凝状态，增加血液流动性，改善微循环，表现出抑制血栓形成的作用，具有抗凝血及抗血栓作用。因此，长期饮茶对防止血管动脉粥样硬化有一定的促进作用。

9. 减肥消脂

茶叶中含有的消化酶、单宁酸等成分，能够促进人体的代谢功能，渗入脂肪细胞，刺激脂肪分解酵素的活性，减少糖类和脂肪类食物吸收，帮助分解脂肪。还能够使身体的产热量增加，促进脂肪燃烧，减少腹部脂肪的堆积，有消脂的功效与作用。此外，对于治疗食欲不振、消化不良等症状也有很好的功效与作用。

10. 抵抗衰老

茶叶中含有大量各种维生素，饮茶可以使血液中的维生素含量保持较高水平，以达到抗衰老的作用。茶叶中的茶多酚具有改善人体排毒、高效抗氧化的功能，可强化肌肤抵抗力，防止外界环境对肌肤引发的不适，延缓皮肤衰老，促进肌肤美白排毒，让肌肤保持光泽。同时，茶还有防辐射的作用，对人体的造血机能有显著的保护作用，能减少辐射的危害。

此外，饮茶的时间也有讲究。饭后饮茶，既可化食，又能静心。若空腹饮茶，则寒气直入肾虚火，脾胃容易生寒，无益健康。很多人有酒后饮茶的习惯，认为茶能解酒，但中医认为喝酒后喝茶是不好的生活方式。茶水不但不能解酒，相反还可能加强醉酒的症状。酒精对心血管有强烈的刺激性，而浓茶也同样具有兴奋心脏的作用，若将茶和酒加在一起去刺激心脏，对心脏的危害是很大的。中医还认为茶"引入膀胱肾经，能令人腰脚膀胱冷痛，患瘕疝、水肿、拘挛、发黄、消瘦，使人不睡，多成饮症"。

二、不同类型茶的特性及主要代表

茶之所以神奇并为人们喜爱，很大程度上是因为它令人着迷的不同秉性。因为品种、产地、培植方式、采茶季节、生长环境、制作工艺及冲泡方法等不同，茶会呈现出千姿百态，秉性各异的特性，其中尤其是制作工艺不同，茶叶冲泡后呈现的口感、香气、汤色、功效等有很大差异。因此，了解不同类型茶的茶性特点能为饮茶者提供更好的建议，使茶发挥其更好的作用。

（一）不同发酵程度茶的特性及主要代表

按照发酵程度不同，我们将茶叶分为不发酵茶和发酵茶两大类。发酵茶与不发酵茶的区别在于是否经过酶性氧化，茶叶是否经过这一过程以及发酵程度的高低，对茶叶茶性呈现影响很大（见表4-1）。

表4-1　不同发酵程度茶的茶性特征及代表茶

类别		茶性特征	代表茶
不发酵茶		性寒	绿茶
发酵茶	轻发酵茶	性凉、性寒	白茶、黄茶
	半发酵茶	性平	青茶
	全发酵茶	性温	红茶
	重发酵茶	性温	黑茶

1. 不发酵茶

不发酵茶即以采摘茶树的新梢为原料，不经过发酵，直接进行杀青、揉捻、干燥等传统工艺过程制作而成的茶。绿茶一般属于不发酵茶。

茶性表现：因为没有经过发酵，茶叶中的茶多酚、维生素等营养成分保存较好，含量多。这类茶的茶性偏凉，具有较强抗菌、消炎、抗氧化、促进肌肤的血液循环、预防肌肤衰老的作用。因此，不发酵茶（如绿茶）是爱美人士的首选茶。

2. 发酵茶

在制茶过程中，茶树芽叶经过萎凋，揉捻，发酵，干燥等初制工序，尤其是茶叶依据自身酶的催化（氧化），形成了茶黄素、茶红素等深色物质的茶叫发酵茶。发酵茶又分轻（微）发酵茶、半发酵茶、全发酵茶、重发酵茶等。不同发酵程度的茶其特性存在很大差异。

（1）轻发酵茶（微发酵茶）

发酵度在20%以下的茶叫轻发酵茶。白茶、黄茶均属于微发酵茶。黄茶的主要做法是将杀青和揉捻后的茶叶，用纸包好，或堆积后以湿布盖之，时间以几十分钟或几小时不等，促使茶坯在水热作用下进行非酶性的自动氧化，形成黄色。

茶性表现：微发酵过程中产生的大量消化酶，能够养胃护胃，有助于改善消化不良、食欲不振等症状。这类茶中含有大量的茶多酚、氨基酸、可溶糖、维生素等丰富营养物质，对防治食管癌有突出功效。此外，微发酵茶鲜叶中天然物质保留有85%以上，而这些物质对防癌、抗癌、杀菌、消炎均有特殊效果。

代表茶：白茶、黄茶

（2）半发酵茶

半发酵茶是经过采摘、萎凋、摇青、炒青、揉捻、发酵、烘焙等工序后制出的茶类，发酵度20%~70%。一般来说，春季采摘而制成的半发酵茶品质最好。因茶树经过冬季的休眠期，体内积累了丰富的营养，春季气候温暖，雨量充沛，有利于茶树氮代谢的进行，春茶鲜叶中内含物质丰富，特别是芳香物质、氨基酸、茶氨酸及水溶性成分，其含量较高。乌龙茶是半发酵茶的典型代表。

它适合大多数人饮用，但那些脾胃虚寒或寒性体质的人，不能多饮，容易引发身体不适。一年四季中最适合喝乌龙茶的季节是秋季，其茶香能在秋季得到淋漓尽致的发挥，其中含有的营养成分也可以得到更好的吸收和利用。秋季喝乌龙茶既能滋阴润燥，预防上火，更能加快人体内毒素的分解和代谢，增强人体素质。此外，饭后及午后喝乌龙茶，不仅能去除油腻，还能加快体内脂肪的分解与燃烧，促进脂肪代谢，防止脂肪在人体内淤积同时，它既能促进消化，帮助预防肥胖，又能提神醒脑，促进人的体力恢复。

茶性表现：既有不发酵茶的特性，又有全发酵茶的特性。茶性不寒不热，辛凉甘润，是一种中性茶。茶汤既有红茶的浓鲜味，又有绿茶的清香，有"绿叶红镶边"的美誉。饮后齿颊留香，回味甘鲜。具有较强药用作用，主要突出在分解脂肪、减肥健美等方面。

代表茶：凤凰单枞、铁观音、冻顶乌龙、武夷岩茶（大红袍、水金龟、白鸡冠、肉桂）、水仙等。

（3）全发酵茶

发酵度在70%~90%的茶叫全发酵茶，红茶是全发酵茶的代表茶类。

茶性表现：全发酵茶在加工过程中，发生了以茶多酚酶促氧化为中心的化学反应，鲜叶中的化学成分变化较大，产生了茶黄素、茶红素等新成分，茶性变得较为温和，对肠胃的刺激小，具有养胃护胃的功效。同时，茶叶含有大量的咖啡碱、维生素类等化学物质，能很好地加速脂肪氧化，对于降脂、降压、降血糖等方面也有一定作用。代表茶：红茶，如金骏眉、云南滇红、正山小种等。

（4）重发酵茶

重发酵茶是指经过两次重复发酵的茶。第一次是初制毛茶时渥堆发酵，第二次是成品茶在贮藏过程中一直处于发酵转化中，由于这一特性，有老茶的说法，茶的收藏价值也变得更高。好的重发酵茶冲泡后香气非常饱满，口感纯正，饮用后，香味持久。因此，生活中适当地饮用重发酵的茶叶，不仅可以起到养胃的效果，而且利于减肥。

茶性表现：重发酵茶第一次发酵程度有轻重之别，对茶叶后续的特性发挥影响较大。在安化有这样一句话："轻发酵拼原料，重发酵拼工艺。"也就是说轻发酵的黑茶更能体现原料品质的好坏，如果原料本身不好，用轻发酵做出来的黑茶，口感会比较苦涩，青涩味较重，所以需要重发酵的工艺去调整茶叶的滋味。市场上出售的发酵程度高的茶在第一次发酵时很多是轻度发酵的，发酵后得到的茶味道苦，味道淡，色和味重，需要二次发酵来调节茶的味道。只有这样，才能生产出甜味和诱人口感的重发酵茶。以红茶为例，只经过轻度发酵的茶和只经过重度发酵的茶相比，茶汤在色泽、口感和香气上存在明显差异，轻度发酵茶的价值低于重度发酵茶。黑茶的发酵是最特殊的，其他茶类都是仅依靠自身的物质发酵，而黑茶的发酵还借助了外界的微生物的力量。因此，黑茶的发酵非常彻底。

代表茶：红茶、黑茶。

此外，目前大众普遍认为，适度发酵是最佳的发酵方式，认为适度发酵既可取得重度发酵的厚实饱满之汤及甜度，又能兼得其纯正的陈香。但从茶本身来说，轻发酵、适度发酵和重发酵本身并没有好坏之分，只是不同发酵程度的茶在适合什么样的环境、什么样的人群、什么样的用途上有所区别。只要依据不同的需求把握适度的发酵程度，就能制作出高品质茶。同样，每个人只需要根据自己的喜好、需求选择自己喜欢的高品质茶即可。

（二）六大茶类的主要特性及主要代表

1. 绿茶

绿茶是中国销量最大的茶类，属于不发酵茶。鲜叶采摘后经过杀青、揉捻、干燥等工艺制成干绿茶，颜色为绿色，基本上跟刚刚采摘下来的鲜叶颜色一致。有的绿茶叶片颜色呈墨绿色，很深，但在冲泡之后，叶片就变成了嫩绿色。干茶颜色为碧绿、翠绿或黄绿，长期存放或与空气接触氧化，就容易变成灰白色。绿茶冲泡后，茶汤颜色呈绿黄色。

绿茶因其制作过程中没有经过发酵程序，茶叶中的大部分营养物质保存较多、较好，且富含茶多酚、咖啡碱、叶绿素、维生素等营养物质。因此，绿茶性凉，对肠胃刺激较大，过敏体质、胃溃疡病患者不宜长期大量饮用绿茶，否则会加重肠胃的负担，引发身体不适。对于体质较好、爱美的女士来说，绿茶是天然的美容饮料，可以经常饮用。绿茶因其在制作过程中最大地保留了鲜叶内的天然物质，所以具有清火解毒、清肝化湿、消炎止痛等功效。古人认为"嫩芽禀春初生发之气，有整肃上膈之功，最有益于清利头目"。在生活中我们都知道，若饮食中毒，或过食辛热动火之物导致咽喉不适、长痘痘、口舌溃疡等情况，在症状不严重的时候，往往都会喝一两杯绿茶来达到清热解毒之功。

绿茶中含有咖啡碱、茶碱、胆碱等生物碱，可中和因过食肉类美味等导致的酸性体质，维持血液的酸碱平衡，起到消除疲劳、提神醒脑的作用。绿茶中的儿茶素含量高，有明显的降低血清胆固醇水平、降低冠状动脉粥样硬化的作用，可起到预防冠心病发生的作用。

需要注意的是，绿茶性寒凉，饮用不当也会引发不适。明代名医李时珍在《本草纲目》中以亲身经历指出：年少时贪饮新茶，导致"中年胃气稍损，饮之即觉为害，不痞闷呕恶，即腹冷洞泄"。李时珍由此提醒世人："若虚寒及血弱之人，饮之既久，则脾胃恶寒，元气暗损，土不制水，精血潜虚；成痰饮，成痞胀，成痿痹，成黄瘦，成呕逆，成洞泻，成腹痛，成疝瘕，种种内伤，此茶之害也。民生日用，蹈其弊者，往往皆是，而妇妪受害更多，习俗移人，自不觉尔。况真茶既少，杂茶更多，其为患也，又可胜言哉。人有嗜茶成癖者，时时咀啜不止，久而伤营伤精，血不华色，黄瘁痿弱，抱病不悔，尤可叹惋。"明代名医李士材在《雷公炮制药性解》一书中，对茶的解读与李时珍类似。他说："茶，味甘苦，性微寒，无青，入心、肝、脾、肺、肾五经。清利头目，醒睡眠，解烦渴，利小便，消痰食，去油腻。然过饮则伤脾，令人面黄消瘦，其醒睡者，亦以伐脾故耳。"《续名医类案》也有记载："秦王好服三生茶及冷物成积而病寒，脉非浮非沉，上下内外按举极有力，坚而不柔，触指突出肤表，往来不可以至数名，纵横不可以巨细壮，此阴症鼓击脉也。一身流行之火，萃于胸中，寒气逼之，故博大有力。"此症后幸赖"王海藏与真武、四逆、理中等汤丸，佐以白芍、茴香，使不僭上，每日服百丸，夜八十丸，至液汗出而愈"。由此可见，绿茶味甘性寒，有伤阳的弊端。阳虚体质的人，不可贪饮绿茶，会越饮越寒；阳旺体质的人，常饮绿茶，则越饮越感觉清爽。

代表名茶：杭州西湖龙井、河南信阳毛尖、安徽太平猴魁、六安瓜片、碧螺春、黄山毛峰等。

2. 红茶

红茶属于全发酵茶，是我国第二大茶类。红茶是以茶树新芽叶为原料，经萎凋、揉捻（切）、发酵、干燥等一系列工艺过程精制而成的茶。经过精制而成的红茶鲜叶成分变化较大，茶多酚减少90%以上。在制茶过程中还产生茶黄素、茶红素等新成分和香气物质。因此，红茶具有红茶、红汤、红叶、香甜味醇的主要特征。

红茶在加工过程中，茶鲜叶中的主要化学成分茶多酚，在酶的作用下进行了一系列的酶促化学变化，茶多酚被氧化、聚合形成分子量巨大的茶黄素类和茶红素类。鲜叶经过加工形成红茶后，茶多酚中的主要成分——各类儿茶素减少80%以上，而新形成的茶黄素类和茶红素类则成为红茶中最为主要的化学成分，其中茶黄素类占干物质含量的1%~2%，茶红素类占干物质含量的9%~20%，两者在红茶水浸出物中占40%~60%。茶红素类和茶黄素类是红茶的特征性物质，其含量的高低影响着茶叶的品质及风格。同时，它们也是红茶中最为主要的有效成分，让红茶表现出好的生理活性。此外，红茶还含有大量的酚类物质，尽管这些酚类物质的分子量很大，与绿茶中的酚类成分有比较大的区别。但从临床试验结果看，它同样也具有抗氧化、降低血脂、抑制动脉硬化、增强毛细血管功能、抗突变等功能。

红茶中的主要化学成分和特性与绿茶差异很大，从中医的角度上说，红茶性温。因此，红茶品质特征和保健作用也有其独特性。红茶擅温中驱寒，温胃驱寒，能化痰、消食、开胃。可见，红茶宜脾胃虚弱者饮用。因此，在日常生活中，脾胃不好的消费者宜选用红茶进行品饮，喝红茶对健康有明显的助益。

红茶产地较广，种类较多，按照其加工的方法与出品的茶形，一般又可分为三大类：小种红茶、工夫红茶和红碎茶。其中小种红茶是最古老的红茶，同时也是其他红茶的鼻祖，其他红茶都是从小种红茶演变而来的。世界上的著名红茶主要包括：祁门红茶

（中国安徽省祁门县）、阿萨姆红茶（印度阿萨姆邦）、大吉岭红茶（印度西孟加拉邦的大吉岭）、锡兰高地红茶（斯里兰卡）、尼尔吉利茶（印度尼尔吉利邦及泰米尔纳德邦）、川红工夫（中国四川省宜宾市）、台茶18号（中国台湾南投县鱼池乡）等。在南亚红茶中，印度西孟加拉的大吉岭红茶最为上等。此外，斯里兰卡的锡兰红茶的品质也很优秀。

中国的代表红茶：安徽的祁门红茶、云南的滇红茶、福建的正山小种、江西的宁红茶、四川的宜宾红茶等。

3. 青茶

也叫乌龙茶，属于半发酵茶，是中国几大茶类中，独具鲜明特色的茶叶品类。主要产于福建（闽北、闽南）、广东和台湾三个省。青茶是经过杀青、萎凋、摇青、发酵、烘焙等工艺后制出的品质优异的茶类。因它采用特别的萎凋和发酵方法，应用绿茶的杀青方式，因此成品茶介于红茶和绿茶之间，既有红茶的醇厚，又有绿茶的鲜香，品尝后齿颊留香，回味甘鲜，有"绿叶红镶边"的美誉。

代表名茶：凤凰单枞、铁观音、冻顶乌龙、武夷岩茶（大红袍、水金龟、白鸡冠、肉桂）、水仙等。

4. 黄茶

黄茶是沤茶，属于轻发酵茶，是我国特有的茶种类。黄茶的加工工艺与绿茶相近，只是在干燥过程的前或后，多增加一道"闷黄"的工艺，促使其多酚叶绿素等物质部分氧化，并产生了大量的消化酶。黄茶适合在夏秋两季饮用，夏季气候酷热，脾胃的消化功能相对较弱，饮用黄茶能起到很好的助消化、清暑生津的功效；秋季气候干燥，是咽喉疾病的高发季节，常饮黄茶，能生津润喉。

代表名茶：君山银针、霍山黄芽、蒙顶黄芽、皖西黄大茶、平阳黄汤、广东大叶青、海马宫茶等。

5. 白茶

白茶，是中国茶类中的特殊珍品，属于轻发酵茶，是中国六大茶类之一。一方面，白茶中富含的二氢杨梅素等黄酮类天然物质可以保护肝脏，加速乙醇代谢产物乙醛迅速分解，变成无毒物质，从而降低对肝细胞的损害。另一方面，二氢杨梅素能够改善肝细胞损伤引起的血清乳酸脱氢酶活力增加，抑制肝性 M 细胞胶原纤维的形成，从而起到保肝护肝的作用，大幅度降低乙醇对肝脏的损伤，使肝脏正常状态迅速得到恢复。同时，二氢杨梅素起效迅速，并且作用持久，是保肝护肝，解酒醒酒的良品。此外，白茶中还富含有多种氨基酸，其性寒凉，具有退热祛暑解毒之功效。夏季啜一杯白茶水，很少会出现中暑的情况。

白茶的药效性能很好，具有独特、灵妙的保健作用。白茶存放时间越长，其药用价值越高，有"一年茶、三年药、七年宝"的说法。

白茶具有外形芽毫完整，满身披毫，毫香清鲜，汤色黄绿清澈，滋味清淡回甘的品质特点。因成品茶多为芽头，满披白毫，如银似雪而得名。主要产区在福建福鼎、政和、武汉新洲旧街、蕉城天山、松溪、建阳、云南景谷等地。制作白茶的鲜茶多采用壮芽或嫩芽，采摘后基本工艺包括萎凋、烘焙（或阴干）、拣剔、复火等工序。白茶干茶色白隐绿，外表披满白毫，冲泡后绿叶清汤，茶汤呈象牙白或微黄，随着时间的沉淀色泽由浅变深。白茶因鲜叶原料和陈化时间的不同，可分为白毫银针、白牡丹、贡眉、寿眉及新白茶 5 种。

代表名茶：白毫银针、白牡丹、月光白、寿眉、贡眉等。

6. 黑茶

黑茶是我国六大茶类之一，属于重发酵茶。黑茶中含有丰富的营养成分,其中最主要的是维生素和矿物质,另外还有蛋白质、氨基酸、糖类物质等,具有降血糖、降血压、促消化等功效。

黑茶中的茶多糖复合物是降血糖的重要成分。茶多糖复合物是一类成分复杂且化学性质不稳定的混合物,其成分活性比其他茶类要强。这是因为在发酵茶中糖苷酶、蛋白酶和水解酶的作用下,形成了相对长度较短的肽链,短肽链更易被吸收,而且生物活性更强,所以黑茶的降糖功效高于其他茶类。黑茶中特有的茶氨酸能通过活化多巴胺能神经元,起到抑制血压升高的作用。此外,黑茶中的咖啡碱和儿茶素类能使血管壁松弛,增加血管的有效直径,通过让血管舒张使血压下降。

黑茶中的咖啡碱、维生素、氨基酸、磷脂等有助于人体消化,并能帮助调节脂肪代谢。其中,咖啡碱的刺激作用更能提高胃液的分泌量,从而增进食欲,帮助消化。此外,黑茶中富含的丰富的维生素 B_1 在脂肪氧化分解释放热量的过程中起着重要作用,可以促进脂肪燃烧。同时,黑茶中丰富的单宁酸可以清理肠胃,促进体内代谢废物及时排出。

黑茶中的茶色素是一种强效的抗氧化剂,具有清除人体中损害健康细胞的自由基的作用,从而缓解皮肤老化和皱纹的出现。此外,黑茶中还含有丰富的矿物质,如锌、锰、铜、硒等,这些矿物质具有促进细胞新生的作用。因此,经常饮用黑茶具有很好的美容效果。

按制作成形的情况来分,黑茶品种可分为紧压茶、散装茶及花卷茶三大类。紧压茶为砖茶,主要有茯砖茶、花砖茶、黑砖茶、青砖茶,俗称四砖;散装茶主要有天尖、贡尖、生尖,统称为三尖;花卷茶有十两茶、百两茶、千两茶等。按地域分布的情况来分,黑茶主要分为湖南黑茶(茯茶、千两茶、黑砖茶、三尖等)、湖北青砖茶、四川藏茶（边茶）、安徽古黟黑茶（安茶）、云南黑茶（普洱熟茶）、广西六堡茶及陕西黑茶（茯茶）。

代表名茶：湖南千两茶、安化黑茶、云南普洱熟茶、陕西泾渭茯砖茶、广西六堡茶等。

六大茶类的特性及功效如表4-2所示。

表4-2 六大茶类的特性及功效

类别	主要特性	主要功效	代表茶
绿茶	清汤绿叶，富含茶多酚、咖啡碱、叶绿素、维生素等	防衰老、防癌、抗癌、杀菌、消炎、美容抗衰等	杭州西湖龙井、河南信阳毛尖、安徽太平猴魁、六安瓜片、碧螺春、黄山毛峰等
红茶	红汤红叶	提神、生津清热、利尿、解毒、养胃护胃、舒张血管、防癌、抗癌等	安徽祁门红茶、云南滇红茶、福建正山小种、江西宁红茶、四川宜宾红茶等
青茶	绿叶红边	分解脂肪、减肥健美等	凤凰单枞、铁观音、冻顶乌龙、武夷岩茶（大红袍、水金龟、白鸡冠、肉桂）、水仙等
黄茶	黄汤黄叶	提神醒脑，消除疲劳，消食化滞、防癌、抗癌、杀菌、消炎等	君山银针、蒙顶黄芽、北港毛尖、远安黄茶、霍山黄芽、沩江白毛尖、平阳黄汤、皖西黄大茶、广东大叶青、海马宫茶等。
白茶	绿叶清汤	清热润肺、平肝益血、消炎解毒、降压减脂、促消化等	白毫银针、白牡丹、云南月光白、寿眉、贡眉等

续表

类别	主要特性	主要功效	代表茶
黑茶	红汤褐叶	调理肠胃、杀菌止泻，降低三高（高血糖、高血脂、高血压）	湖南千两茶、安化黑茶、云南普洱熟茶、陕西泾渭茯砖茶、广西六堡茶等

7. 其他茶类的特点及利用

聪明且勤劳的中外劳动人民不仅推动了六大茶类的发展，而且在茶的开发和利用过程中，对茶的使用范围及制作工艺进行了更多的延伸。他们基于日常生活中对茶的利用与探索，演化出了与六大茶类有着较大差别的其他茶类。比如，运用茶的制作工艺与流程，利用中草药为原料制成的中草药茶、利用花草为原料制成的花茶、利用水果进行风干制成的水果茶、利用粮食为原料制成的粮食茶、利用特殊树叶制成的树叶茶、利用各民族的食物原料制成的民族茶等。这些茶的特点突出、功效明显、使用人群广泛，极大地拓宽了茶品类、丰富了茶内容、促进了茶文化的融合发展。

其他类型茶的特性及利用如表4-3所示。

表4-3 其他类型茶的特点及利用

类别/名称		制作工艺	功效特点	饮用方法
中草药茶	绞股蓝茶	现代与古法炒茶工艺结合炮制而成	降血糖、延缓衰老、降血压、降血脂	沸水冲泡
	荷叶茶	新鲜茶叶切碎晒干	降脂、提升代谢	沸水冲泡
	杜仲茶	传统茶叶加工及中药饮片加工方法制作	护肝补肾、降三高	沸水冲泡

续表

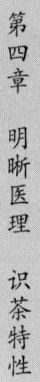

类别/名称		制作工艺	功效特点	饮用方法
中草药茶	苦丁茶	萎凋、杀青、揉捻、干燥	散风热、清头目、除烦渴	沸水冲泡
	三七茶	按绿茶制作工艺	活血化瘀、消肿定痛	沸水冲泡
花茶	菊花茶	鲜花采摘、阴干、生晒蒸晒、烘焙等工序制作而成	散风清热、清肝明目、解毒消炎	沸水冲泡
	玫瑰花茶	鲜玫瑰花和茶叶的芽尖按比例混合，利用现代高科技工艺窨制而成	通经活络、软化血管、调和肝脾、理气和胃	沸水冲泡
	枇杷花茶	脱水风干	化痰止咳、清火解热、润喉、润肺	沸水冲泡
	珠兰花茶	选用黄山毛峰、徽州烘青、老竹大方等优质绿茶作茶坯，混合窨制而成的花茶	生津止渴、醒脑提神、助消化、减肥	沸水冲泡
	桂花茶	桂花和茶叶窨制而成	温补阳气、止咳化痰、养生润肺	85℃左右水浸泡
水果茶	桑葚茶	脱水风干	促进消化、乌发、保护心血管	沸水冲泡
	柠檬茶	切片脱水风干	清除毒素、生津止渴、化痰止咳、健脾	沸水冲泡
	山楂茶	鲜山楂洗净，切片后放入锅中，加水适量，煮沸5分钟	消食健胃、舒张血管、降脂降压强心	煮沸饮用

第四章 明晰医理 识茶特性

续表

类别/名称		制作工艺	功效特点	饮用方法
树叶茶	桑叶茶	采桑、洗晾、切叶、杀青、揉搓、解块、烘干、制香等工序	消疮祛斑、降低血黏	沸水冲泡
	柿叶茶	采叶、冲洗去脉、适度杀青、切丝揉捻等工序	润肺强心、镇咳止血	沸水冲泡
	老荫茶	采芽、分级、下叶、阴凉、炒青、翻揉、炒、烘焙到干	清热解毒、生津止渴	沸水冲泡
	枸杞叶茶	以精选的宁夏枸杞芽尖和嫩叶为原料，采用独特工艺精制而成	清热、降压	沸水冲泡
	竹叶茶	将淡竹叶、生地黄、绿茶、白糖，一同用热水冲泡闷约15分钟	清热利尿，清凉解暑	热水焖泡
民族茶	藏族酥油茶	酥油和浓茶加工而成	御寒提神醒脑、生津止渴	多作为主食与糌粑一起食用
	土家族擂茶	大米、花生、芝麻、绿豆、食盐、茶叶、山苍子、生姜等为原料，用擂钵捣烂成糊状，冲开水和匀，加上炒米	解渴、充饥	煮沸饮用
	纳西族盐巴茶	茶饼和盐放入特制的小瓦罐用火烤香后加水炖至茶叶消失	提神去痛	直接饮用

续表

类别/名称		制作工艺	功效特点	饮用方法
民族茶	布朗族酸茶	鲜叶煮熟，放在阴暗处十余日让它发霉，然后放入竹筒内再埋入土中月余	解渴、提神、化脂消积、醒酒	直接食用
	维吾尔族香茶	小块状茯砖茶在长颈壶内加热，沸腾后加入细末香料搅拌几分钟即可	养胃提神	常与主食馕一起用
原料、工艺奇特的茶	龙珠茶	由化香夜蛾、米黑虫等昆虫取食化香树、苦茶等植物叶后所排出的粪粒	清热，消暑，解毒，健脾胃，助消化	沸水冲泡
	琴鱼茶	将琴鱼放进有茶叶、桂皮、茴香、糖、盐等调料的沸水中，煮熟后晾净除湿，再用木炭火将其烘干至橙黄色	解毒养身	沸水冲泡
	雪茶	积雪融化后采收，除去基部苔藓状物及杂草，晒干	醒脑安神，降血压，血脂	沸水冲泡
	螃蟹脚茶	采摘晒干后成棕黄色	清热解毒，健胃消食，清胆利尿	沸水冲泡
粮食茶	大麦茶	大麦炒制后再经过沸煮	开胃，助消化	煮沸饮用
	苦荞茶	苦荞麦种子经过烘烤等工序加工	整肠通便、清热解毒、活血化瘀、拔毒生肌	煮沸饮用

第四章　明晰医理　识茶特性

续表

类别/名称		制作工艺	功效特点	饮用方法
粮食茶	玄米茶	以糙米为原料，经浸泡、蒸熟、滚炒等工艺制成的玄米与日式煎茶拼配	促进血液循环，健脾开胃	沸水焖泡
	薏米茶	研磨成末	健脾利湿，涩肠止泻	沸水冲泡

（三）不同采摘季节茶的特性

按不同采摘季节制成的茶有春茶、夏茶、秋茶、冬茶之分。不同季节因气候、环境等因素的不同，采摘制成的茶不论外形还是内质都有较大差异。因此，制作不同类型、不同等级的茶，对采摘季节的选择有很高的要求（见表4-4）。

表4-4 不同季节茶的特性

种类		采摘时间	品质特征	代表茶
春茶	明前茶	清明节前	叶嫩茶鲜，银绿隐翠，白毫毕露，味醇形美	西湖龙井、碧螺春、黄山毛峰、六安瓜片
	雨前茶	谷雨节气前，即4月5日至20日	叶身薄而短、香气浓、味微苦，性强质重，茶汤滋味鲜浓，较耐泡	
夏茶		5—7月	叶底薄而硬，顶芽不明显，叶脉较粗，叶缘的锯齿状清晰可见，茶汤滋味平和	铁观音、靖安白茶、大红袍

续表

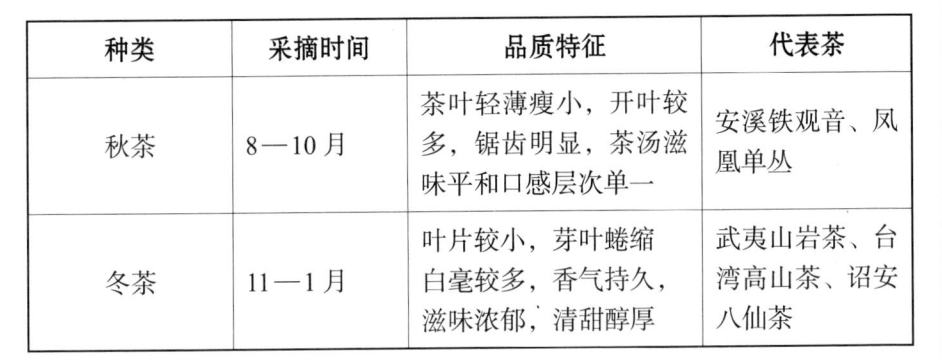

种类	采摘时间	品质特征	代表茶
秋茶	8—10月	茶叶轻薄瘦小，开叶较多，锯齿明显，茶汤滋味平和口感层次单一	安溪铁观音、凤凰单丛
冬茶	11—1月	叶片较小，芽叶蜷缩白毫较多，香气持久，滋味浓郁，清甜醇厚	武夷山岩茶、台湾高山茶、诏安八仙茶

1. 春茶

气候及环境特征：春天万物复苏，气温偏低，香气物质保存环境好，此时采摘的茶香气尤其浓郁。又因其阳光柔和，茶芽的细胞生成较为缓慢，所以春茶中富含氨基酸等营养物质，口感新鲜淳爽。同时，由于春天气温较低，茶树病虫危害少，茶叶的污染和农药残留少，从而保证了茶叶的高品质。

茶叶品质：用春茶制成的绿茶干茶条索紧结，色泽墨绿、润泽，芽叶硕壮饱满、厚重；泡出的茶汤香气馥郁，韵味悠长，口感甘醇鲜爽，叶底柔软清亮。红茶干茶色泽乌润，芽叶肥壮，营养厚实，其价值最高。尤其是春茶中的明前茶，氨基酸、多种维生素、蛋白质含量最为丰富。

2. 夏茶

气候及环境特征：夏季天气炎热，茶树新的梢芽叶生长迅速，芽长紧细显毫，紫色芽叶增加，茶叶色泽不一，能溶解茶汤的水浸出物含量相对减少，特别是氨基酸等营养物。

茶叶品质：夏茶虽条索肥硕紧结重实，但香气多不如春茶强烈。其色泽乌褐油润稍显灰带花，叶芽木质分明，嫩梗瘦长，茶叶中花青素、咖啡因、茶多酚含量比春茶多。泡出的茶汤汤色黄亮，银毫飘逸，茶汤滋味平和，略有涩味。叶底质硬，叶脉显露，叶缘锯齿明显。

3. 秋茶

气候及环境特征：秋季降雨量减少，天气逐渐转凉，茶花含苞欲放，一般在"立冬"前茶叶采摘就会结束。

茶叶品质：秋茶条索紧结粗大，稍显芽毫，色泽乌黑油润稍显灰带棕；汤色清亮，香气飘逸，多有松烟味；滋醇纯和，茶汤入口柔和，苦、涩味稍重，口腔收敛性强。

4. 冬茶

气候及环境特征：名茶大约在每年的10月下旬开始采制，一般有两种：一种是秋芽冬采，茶叶品质一般；另一种是冬芽冬采，是在秋茶采完后，随着气候逐渐转冷再生长出来的新茶，因茶生长缓慢，内含物质逐渐增加，所以滋味醇厚，香气浓烈，茶品质极好。因此，冬茶生长环境相较于秋茶生长环境对制成好茶较有优势。

茶叶品质：香气细腻持久，滋味浓郁柔顺，清甜醇润，苦涩感较弱，这是冬茶的显著特点。

（四）不同生长环境茶的特性

按茶树的生长环境不同，茶叶可分为高山茶、平地茶、有机茶（见表4-5）。

表4-5 不同生长环境茶的特性

类别	主要特征	代表茶
高山茶	芽叶肥壮、色泽翠绿、茶汤金黄、滋味甘醇、耐冲泡	中国台湾南投信义乡、仁爱乡和嘉义番路乡、竹崎乡海拔1000~1300米的新兴茶区；梨山、翠峰、庐山、玉山、阿里山、杉山溪等

续表

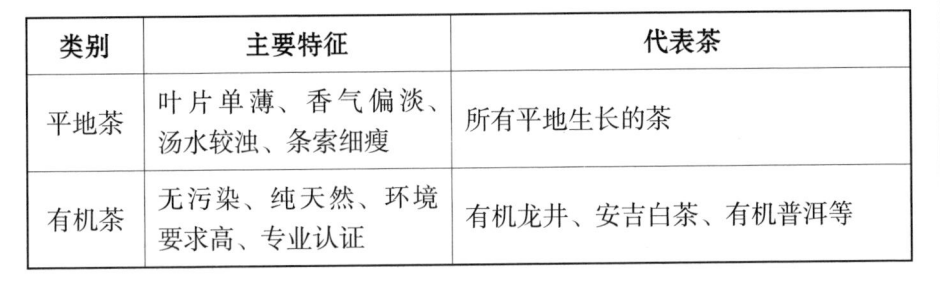

类别	主要特征	代表茶
平地茶	叶片单薄、香气偏淡、汤水较浊、条索细瘦	所有平地生长的茶
有机茶	无污染、纯天然、环境要求高、专业认证	有机龙井、安吉白茶、有机普洱等

1. 高山茶

环境及气候特征：人们常说"高山出好茶"。一般认为，有高山（通常为海拔1000米以上），能产茶的地方，都可以称其为高山茶。高山海拔高气候冷凉，早晚云雾笼罩，平均日照短，茶树芽叶中所含"儿茶素类"等苦涩成分降低，茶叶中"茶氨酸"及"可溶氮"的成分相对较多。再加上昼夜温差大及长年午后云雾遮蔽的缘故，茶树生长相对缓慢，茶芽叶柔软，叶肉厚实，果胶质含量高。因此，高山茶冲泡后具有迷人的茶香气韵及耐人寻味的回甘口感，备受茶人青睐。另外，尽管少数茶产区的海拔不足1000米，但由于它们位居高地河谷，且具备高山茶的独特气质，因此这些优质茶叶也被归类为"高山茶"。所以高山茶并非专指某地生产的茶叶，而仅是与平地茶相对的一个概念名词，但是高山出好茶却是不争的事实。我国历代贡茶、传统名茶以及当代新创的名茶，多产自高山。根据高山茶的生长环境特点，我国名茶以山名加云雾命名的特别多。例如，花果山云雾茶、庐山云雾茶、高峰云雾茶、华顶山云雾茶、南岳云雾茶、熊洞云雾茶等。

茶性特征：高山茶芽叶肥壮，色泽翠绿，茸毛多，节间长，鲜嫩度好；高山茶干茶外观为青褐色、呈球状卷曲、条索肥硕、紧结、白毫显露，泡出的茶汤为金黄色，具有特殊的花香，耐冲泡；高山茶香气高，滋味甘醇，韵味十足。

代表茶：现今主要产地为中国台湾南投信义乡、仁爱乡和嘉义番路乡、竹崎乡海拔1000~1300米的新兴茶区；梨山、翠峰、庐山、玉山、阿里山、杉山溪亦有出产。

2. 平地茶

环境及气候特征：平地茶指的是产自平原地带或低海拔地区的茶叶的总称。虽然地势低平，环境和气候条件一般，生长环境较为复杂，土壤和水质受人类活动影响较大，但茶树的管理及采摘加工较为方便。

茶性特征：平地茶茶树的生长比较迅速，但是茶叶较小，叶片单薄，相比高山茶比较普通；平地茶的新梢短小，叶色黄绿少光，加工之后的茶叶条索轻细，身骨较轻，香味稍低，滋味较淡，回味短，叶底硬薄，叶张平展。

3. 有机茶

有机茶是当代出现的一个茶叶新品类，也可以说是茶叶的一种新的鉴定标准。

环境及气候特征：产地没有任何污染，有机茶产区应远离城市和工业区，空气符合国家大气环境质量一级标准；灌溉用水的水质符合国家地面水环境质量一类标准；土壤中的铜、铅、镉、砷、汞、铬等重金属含量必须低于国家有机茶加工技术规定标准。有机茶对于茶树的生长环境选择、土壤管理、栽培及施肥技术等方面都有很高的要求。比如，在环境选择方面，生产、加工、贮藏场所应保持清洁卫生，禁止使用化学药品。按照有机农业生产体系与方法生产出鲜叶，加工、包装、贮运、销售过程中不受化学物品等的污染。在栽培技术方面，对于肥培、病虫害、杂草的处理，也有不同于一般的惯行农法，要求回归到传统的不用农药和使用有机肥料的经营方式,这种农法欧、美、日等国家在研究上有系统的发展。茶叶种植对环境的影响不一样。常规茶叶在种植过程中通常要使用农用化学品,如化肥和农药,这对环境会造成一定的不利影响。而有机茶产品在种植和加工过程中禁止使用任何农用化学品和所有人工合成的辅助剂,这不仅保护了农田生态环境,而且丰富了生物的多样性,使环境、动植物、人类和谐共处。

茶性特征:首先,有机茶是无污染、纯天然的,最完整地保留了茶清香甘醇的特性。其次,它是经有机食品认证机构审查颁证的茶厂生产的,可以通过有机产品的质量跟踪记录系统,追查到全过程的具体某一环节,而常规产品通常没有建立完备的跟踪及追查系统。最后,其茶叶产品的质量审定不仅要求对终产品进行必要的检测,还需要考虑生产和加工过程,审查产品在生产、加工、贮藏和运输过程中是否可能受到各种污染的影响。

(五)不同培植方式茶的特性

按茶树的培植方式不同,茶叶可分为野生茶、人工栽培茶、过渡型茶等(见表4-6)。

表4-6 不同培植方式茶的特性

类别	主要特征	代表茶
野生茶	嫩叶无毛或少毛、茶汤柔滑、滋味高甜、香气高锐沉稳单一、野性十足	云南野生古树茶、四川藤茶、苦丁茶等
人工栽培茶	灌木小乔木树型、树姿开张或半开张、嫩枝有毛	鸠坑种、南糯山大叶茶等
过渡型茶	乔木型、嫩枝鳞片多毛、叶长椭圆形	云南省澜沧拉祜族自治县富东乡邦崴大茶树

1. 野生茶

环境及气候特征：百度百科对"野生"的释义为"动植物在野外自然生长而非经人工驯养或培植。"据此可知，野生茶就是指生长于野外自然环境中，已有成百上千年之久远与栽培茶种有亲缘关系的茶组植物，是没有被人类栽培驯化、大量利用的茶树。在这一概念中，茶树的生长没有受到人类干预，没有被大量利用，其野生野长且少有涉世是最重要的评定标准。野生茶的生长环境及生长状态的特殊性，使得野生茶叶独具特色，自古就成了茶人的追捧对象。陆羽就曾在《茶经》一书中对"野生茶"有这样的记载："野者上，园者次之。"由此，我们还知道"野生茶"其实是与"茶园茶"相对应的，是一个相对概念。

按照茶树生长环境及状态的不同，现代人把野生茶分为自然型野生茶和栽培型野生茶。自然型野生茶主要是指那些常年在深山野林里自然生长出来的茶树。此类茶树大多是由林间活动的野生动物，如松鼠、鸟类等出林觅食时，将茶树上成熟的种子带入深林中，种子掉落于地面被落叶覆盖，受雨水的滋润，阳光的照抚，从而萌芽、扎根。因其混长于山野林间，分布零散，独具特色，较为罕见，所以是难得一求的珍品茶，如勐库大雪山野生古茶树。栽培型野生茶主要是指那些因长时间（几十年甚至更久时间）无人管理，进入自然生长状态的人工育苗种植或者人工移栽种植茶，在经过野外自然生长后，又被人类重新开发利用的茶树。目前，栽培型野生茶树现存的数量比较少。

茶性特征：野生茶可以通过观察环境、察看茶树叶片形状、品味茶汤等多种方式进行鉴别。自然型野生茶生长环境比较原始，多处于原始或次原始森林环境中，其茶树树形、嫩叶与栽培型茶叶有较大差异。野生茶树通常会比茶园种植茶更高，属半乔木或乔木属型，茶树可以积蓄更多的营养物质，制成之后的茶叶品质特征更具优势；此外，大多野生茶树的嫩叶均很光滑，无毛或少毛，叶边缘有的长有稀疏的钝齿，有的则没有锯齿，制成干茶后，颜色一般呈墨绿色。在茶汤方面，野生茶的茶汤较栽培型普通茶的茶汤更柔滑，滋味高甜，几乎不存在苦涩味，香气高锐沉稳但单一，耐泡度相对较高。同时，野生茶茶汤一般都呈现较强的刺激性，茶性非常寒凉。因此，不适合肠胃不好的人饮用。

由于野生茶数量稀少、品质独特，从古至今都显得尤为珍贵，因而被世人追捧。但因为野生茶在生长的过程中，受野生环境的影响，有的会发生变异，甚至含有毒素，不可食用。因此，野外采摘茶叶制茶时要尤为谨慎。

2. 人工栽培茶

人工栽培茶是指人类通过对野生茶树进行选择、栽培，从而创造出的茶树新类型。它是自然选择和人工干预的产物，目前世界各大茶产区的茶树基本属于人工栽培茶。

环境及气候特征：人工栽培茶所处环境及气候条件远远超过野生茶生长地区，且呈现出多样化的特点。不同种类的茶在人类种植过程中经过长期驯养和干预后，其所适应的环境和气候条件逐渐稳定，同时也呈现出各不相同的特征。茶树原产于亚热带地区，喜爱温和湿润的气候，而世界上大部分茶区都处于亚热带或热带气候区域。例如，北至北纬49°的乌克兰外喀尔巴阡，南至南纬33°的南非纳塔尔，其中北纬6°~32°的区域，茶树种植最集中，茶产量最大；南纬16°到北纬20°的区域，茶树常年生长可以采摘；北纬20°以上的区域，茶树生长和采摘的季节性相对明显，通常1月和7月气温相差小于10℃区域内的茶树常年生长采摘，1月和7月气温介于10~15℃区域内的茶树为长季节性采摘，一般为春、夏、秋三季，气温相差15~25℃的区域为短季节性采摘，一般只有一季适宜。此外，降水量和土壤条件也是人工栽培茶需要考虑的重要环境要素。一般来说，降水量多且均匀、土壤种类属酸性红土壤的区域更适宜种植茶树；土质情况则更为复杂，一般土质肥沃的区域更有利于茶树的生长。

茶性特征：人工栽培型茶的嫩叶边缘一般都长有细密的锯齿，叶片相对于野生茶较薄，干茶一般呈浅绿色或黄绿色。相较于野生茶，人工栽培茶的茶性也随着驯化变得越来越趋向温和化，茶品寒性下降，相对更加安全，适宜人群更为广泛。

3. 过渡型茶

环境及气候特征：一般认为，过渡型茶是从"野生型"茶树过渡到"栽培型"茶树过程中的中间物种（也有学者认为，这是存在于自然界中两个不同的物种，并没有驯化过渡关系。只不过是一些认知和习惯的原因，这两个不同的物种被称为"野生型"和"栽培型"）。它是一种乔木型大茶树，形态特征介于野生型与栽培型之间。严格来说，过渡型茶属于野生古树茶。野生古茶树是国家二级保护植物，我国的过渡型古茶树主要生长在海拔1900米的云南省，其中千家寨野生古茶树群落是全世界被发现的面积最大、最原始、最完整、以茶树为优势树种的植物群落。在这个群落中，有第三纪遗传演化而来的亲缘、近缘植物，如壳斗科、木兰科、山茶科等植物群。

茶性特征：因生长环境，云雾缭绕，温暖湿润山高林密，远离污染，过渡型茶是大自然孕育而成的天然绿色食品。过渡型茶香气高锐持久，香甜质量饱满。其滋味浓烈，醇厚稳健，饮后舌面与上腭中后段微苦涩，甘韵强而集中于舌面，香型层次明显。茶汤色清澈明亮，存放越久，茶香越醇。

第五章 辨别环境 识茶产区

一、茶叶品质与生长环境

不同的茶因其不同的生长环境，会呈现出不同的特点。在茶树千年的种植及传播的进程中，因地域、气候、土壤等环境因素的影响，逐渐形成了不同的产茶区。什么样的环境要求更有利于茶树的生长、更能产出优质的茶叶，一直都是茶研究的一个重要方向。

（一）光照

太阳光的光质、强度、照射时长都会直接影响茶树的生长及茶叶的品质和产量。茶树一般需要充足的日光照射，才能生长健全，但强度太大、照射时间过长也不利于高品质茶的出产。一般来说，光照强、时长长，茶叶中单宁含量增多，这样出产的茶叶更适合用来制作红茶；如适当遮阴，在弱光之下，茶叶中单宁含量则减少，叶内组织发育被抑制，叶质属软，叶绿素含氮量提高，这样的茶叶就更适合用来制作绿茶。因此，终年云雾缭绕的高山茶园，因日照百分率较小，茶树接受的光照时间短、强度弱，照射到茶树上的太阳散射辐射和蓝紫光增多。这些都为茶树的生长发育和光合作用创造了适宜条件，有利于茶叶中含氮化合物（如叶绿素、全氮量、氨基酸含量）的增加，进而对茶叶后期制作时呈现的色泽和滋味产生重要影响。

（二）温度

温度对茶树生长发育影响也较大，主要包括生长环境的气温和地温。一般来说，茶树最适宜在18~25℃环境下生长，适宜的温度决定着茶树体内的酶活性，影响着茶树的新陈代谢，进而影响着茶叶化学物质的转化、形成和积累。因此，温度较低的茶区，茶产量不及温度较高的区域，但品质却更好一些。但当温度低于5℃时，茶树一般会停止生长，而高于40℃时，茶树容易死亡。此外，不同茶树品种对温度要求也有不同，比如，小叶种比大叶种在耐寒热方面要更强一些。

（三）雨量及湿度

茶树性喜潮湿，雨量及湿度对茶树生长的影响很大。一般来说，多量且均匀的雨水（总雨量为1500~3000毫米）适合茶树生长，湿度太低或太高都对茶树生长不利。在水分相对充沛的情况下，有利于茶树的生长和光合作用，茶叶中酶的作用趋于合成，有利于提高氨基酸、咖啡碱、蛋白质的含量，从而提高茶叶的品质。此外，雨水充沛还能促进茶树的氮代谢，使茶鲜叶中的全氮量和氨基酸含量提高。地球的北纬40°至南纬30°，因雨量、温度、海拔、风力与日光等自然环境较好，适合茶叶栽培。因此，凡空气中湿度较大的山地区域，多适合茶树生长。世界著名茶产区，如印度阿萨密邦年降雨量在1500~3000毫米；大吉岭在2000

毫米以上，四季都不太明显；锡兰受东北季风及西南季风的影响，雨量高达 6000 毫米。我国秦岭以南的茶区受季风影响，都无特别干燥期，雨量在 1500~3000 毫米，如祁门茶区雨量在 1700~1900 毫米，相对湿度在 70%~90%；武夷茶区雨量在 1900 毫米，相对湿度在 80%，分布极为均匀。再如杭州的西湖、武夷九曲、台湾文山的淡水河、新竹东头前溪等，都位于山川秀丽且雨量充沛的地区。

（四）土壤条件

茶树栽植于土壤，高品质茶的出产一般对土壤的要求极高。土壤的物理环境、化学环境及生物环境对茶树的营养物质吸收影响大。一般土壤结构疏松，通透性好的土壤有利于茶树的根系扩张，土壤中若含有丰富的有机质和各种矿质营养元素，土壤熟化程度高，茶树生长就健壮，茶叶品质就高。如高山茶园与平地茶园相比较，高山茶园因石砾较多，且终年落叶堆积、腐烂，所以土壤中含有茶树所需的大量元素和各种微量元素，茶品质一般也要优于平地茶园。清代冒襄在《岕茶汇抄》中记载："茶产平地，受地气多，固其质浊，岕茗产于高山，泽是风露清虚之气，固为尚可。"

二、茶区分布

茶树自被人类发现至今，因自身进化发展需要而四处漂泊，地球上任何一个适合它生长的地方都是它的家园，任何一个有热爱它的人的地方都是它的乐土。人们从了解其生长习性到掌握生产技术去综合利用它，虽然经过了漫长的探索，但现在它已遍布世界各地。不同地域的人们对于茶的利用虽然因地而异，不尽相同，但不同产茶区对茶的生产利用却也大同小异。

（一）世界茶区分布

从茶树种植地域看，地球最北至北纬49°，最南至南纬33°的区域内均有茶树种植，尤其是北纬6°~32°的区域范围内，由于气候条件适合茶树生长，茶树种植量最多，产量也最大。在这个区域范围内，全球现有六大茶区共60多个国家广泛引种并栽植茶叶。六大茶区主要为：东亚茶区、南亚茶区、东南亚茶区、西亚茶区、欧洲茶区、东非亚茶区、南美茶区。各大产茶区中，亚洲地区茶叶种植及产茶量最多，其次为非洲和拉丁美洲国家。世界上有茶园的国家虽然不少，但茶叶生产还是比较集中，每年全球的茶叶总产量大约有300万吨，其中80%左右产于亚洲。中国、印度、斯里兰卡、印度尼西亚、肯尼亚、土耳其等国的茶园面积总和占了世界茶园总面积的80%以上。世界茶叶的产量中，品种最多的是红茶，占总产量的70%以上。中国是出产绿茶最多的国家，所产绿茶占世界绿茶总产量的近60%。

（二）中国茶区分布

中国茶叶种植和生产的地区基本分布在东经95°~122°，北纬18°~37°的广阔范围内，涉及的省份众多，有浙、苏、闽、湘、鄂、皖、川、渝、贵、滇、藏、粤、桂、赣、琼、台、陕、豫、鲁、甘等21省区的近千个县市。受气候和环境的影响，中国不同地区生长着不同类型和不同品种的茶树。茶树种植的海拔差异显著，最高种植在海拔2600米的高地上，而最低的仅距海平面几十米。不同地域所产茶叶的品质、适制性和适应性也各有不同，从而形成了一定的、颇为丰富的茶类结构。

在我国，茶区划分主要采取两种方式：一种是按层级进行划分，将我国茶区划分为3个层级，即一级茶区、二级茶区、三级茶区。其中：一级茶区，属全国性划分，用来宏观指导茶产业发展；二级茶区，是由各产茶省（区）划分，进行省区内的生产性指导；三级茶区，是由各地县进行划分，具体指挥茶叶生产。另一种是按区域范围进行划分，将我国茶区划分为4个茶区，即西南茶区、华南茶区、江南茶区、江北茶区。

1. 西南茶区

西南茶区位于中国西南部，包括云南、贵州、四川以及西藏东南部，是中国最古老的茶区，在这一茶区可以考证到中国茶大部分的演化历史。

西南茶区地形复杂，盆地、高原并存，有些同纬度地区海拔高低悬殊，气候差别很大。但大部分地区均属于亚热带季风气候，冬不寒冷，夏不炎热，适合各种大叶种茶树的生长培育。

土壤状况类型也较多，多元的地理环境造就了西南茶区茶种类的丰富性和多样性。主要适合生产红茶、绿茶、沱茶、紧压茶和普洱茶等。西南茶区不仅是中国发展大叶种红碎茶的主要基地之一，也是高档绿茶、普洱茶和花茶的主要产地。

2. 华南茶区

华南茶区位于中国南部，包括广东、广西、福建、台湾、海南以及云南南部等省（区），这一茶区多属于热带季风气候，高温多雨，空气湿度大，且多山地丘陵，拥有着得天独厚的气候条件和土壤环境。

除闽北、粤北和桂北等少数地区外，该地区年平均气温为19~22℃，最低月（一月）平均气温为7~14℃，茶年生长期10个月以上，年降水量是中国茶区之最，一般为1200~2000毫米。

该地区土壤以砖红壤为主，部分地区也有红壤和黄壤分布，土层深厚，且有机质含量丰富，是中国最适宜茶树生长的地区。

华南茶区的茶树品种资源丰富，优良品种多，主要有乔木、小乔木大叶种、灌木等，适宜生产红茶、乌龙茶、花茶、白茶和六堡茶等。铁观音、大红袍、凤凰单丛、六堡茶、西山茶等名茶也均产自这一茶区。

3. 江南茶区

江南茶区位于中国长江中、下游南部，包括浙江、湖南、江西等省和皖南、苏南、鄂南等地，是中国茶叶的主要产区，年产量大约占全国总产量的2/3。该茶区四季分明，春夏两季多雨，年平均气温为15~18℃，冬季气温一般在-8℃；年降水量丰沛，茶区茶园主要分布在丘陵地带，少数在海拔较高的山区；土壤主要为红壤，部分为黄壤或棕壤，少数为冲积壤。如浙江的天目山、福建的武夷山、江西的庐山、安徽的黄山等。这一茶区种植的茶树大多为灌木型中叶种和小叶种，以及少部分小乔木型中叶种和大叶种，生产的茶类主要有绿茶、红茶、黑茶、花茶以及品质各异的特种名茶，如西湖龙井、黄山毛峰、洞庭碧螺春、君山银针、庐山云雾等。

4. 江北茶区

江北茶区位于中国长江中、下游北岸，包括河南、陕西、甘肃、山东等省和皖北、苏北、鄂北等地，是中国最北的茶区。江北茶区年平均气温较低，为15~16℃，冬季漫长；年降水量总体偏少。少数山区，有良好的微域气候，这些区域所产茶的质量也较高，不亚于其他茶区。江北茶区地形较复杂，土壤多为黄棕壤或棕壤，茶树大多为灌木型中叶种和小叶种，主要生产绿茶，如六安瓜片、信阳毛尖等。

茶叶生长对环境和气候条件要求较高，一般来说，好的茶多长于高山之上，典型的如庐山云雾、武夷山大红袍等。但现代的茶叶通过科学的大面积种植，把传统工艺与现代技术相结合可以实现批量生产，各茶区的茶产量及茶品质均得到了很好的提高。

三、六大茶类在中国的分布情况

根据 GB/T 30776—2014《茶叶分类》，茶叶被分为绿茶、白茶、黄茶、乌龙茶、红茶、黑茶六大茶类。中国是世界上唯一生产这六大茶类的国家，但由于不同地域在地理环境和气候条件存在差异，所以不同省份的主要茶类型也有所不同。

（一）绿茶

中国是绿茶产销大国，北到山东、陕西、甘肃，南到海南，四大茶产区均出产绿茶。尤其是浙江、江苏、安徽、河南、湖南、湖北、江西、福建、四川、重庆、广东、广西、云南、贵州偏南方各省（区、市），这些区域多山地、平原、丘陵等，气候湿润，四季雨量充沛，日照时间适宜，为茶树的生长提供了良好的环境，适宜茶树的生长，是绿茶生产的主要区域。

江南茶区是我国绿茶生产的主要基地，其绿茶的产量最高。这一茶区的茶园主要分布在丘陵地带，少数在海拔较高的山区，气候四季分明，适合茶树生长。江南茶区主要的名优绿茶有西湖龙井、大佛龙井、千岛玉叶、洞庭碧螺春、江山绿牡丹、庐山云雾、黄山毛峰、六安瓜片、太平猴魁、安吉白茶、径山茶、惠明茶、狗牯脑、庐山云针等。

江北茶区因其土壤多为黄棕土，茶区年平均气温为 15~16℃，降水量较低，所以以耐寒、抗旱的小叶种茶树为主。该茶区常见的知名绿茶有六安瓜片、信阳毛尖、紫阳毛尖、太白银毫、仰天雪绿、紫阳翠峰、日照雪青、卧龙剑、海青毛峰等。

华南茶区年平均气温在 18~22℃，冬暖夏长，降雨量大，湿度高，出产的绿茶中较著名的有天山绿茶、七境堂绿茶、古劳茶、乐昌白毛茶、桂平西山茶、凌云白毛茶、白沙绿茶、五指山仙毫等。

西南茶区是中国历史上最古老的茶叶产地，也是被公认为的世界茶树的原产地。此茶区的地形较复杂，多为盆地和高原；云南中北部为赤红壤、山地红壤或棕壤，而四川、贵州以黄土壤为主。该茶区气温温和，冬暖夏凉。常见的名优绿茶有竹叶青、峨眉雪芽、云龙茶、苍山绿茶、南糯白毫、都匀毛尖、遵义毛峰等。

四大茶区的名优绿茶如表 5-1 所示。

表 5-1 四大茶区的名优绿茶

茶区	环境及气候特征	名优绿茶
江南茶区	丘陵地带，少数在海拔较高的山区，气候四季分明	西湖龙井、大佛龙井、千岛玉叶、洞庭碧螺春、江山绿牡丹、庐山云雾、黄山毛峰、六安瓜片、太平猴魁、安吉白茶、径山茶、惠明茶、狗牯脑、庐山云针等
江北茶区	土壤多为黄棕土，茶区年平均气温为 15~16℃，降水量较低	六安瓜片、信阳毛尖、紫阳毛尖、太白银毫、仰天雪绿、紫阳翠峰、日照雪青、卧龙剑、海青毛峰等
华南茶区	气温在 18~22℃，冬暖夏长，降雨量大，湿度高	天山绿茶、七境堂绿茶、古劳茶、乐昌白毛茶、桂平西山茶、凌云白毛茶、白沙绿茶、五指山仙毫等

续表

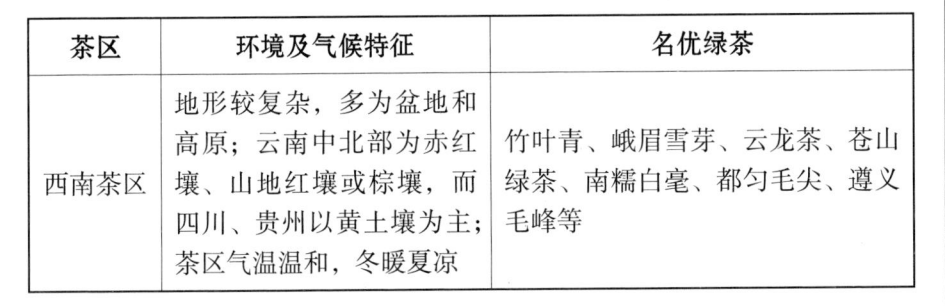

茶区	环境及气候特征	名优绿茶
西南茶区	地形较复杂，多为盆地和高原；云南中北部为赤红壤、山地红壤或棕壤，而四川、贵州以黄土壤为主；茶区气温温和，冬暖夏凉	竹叶青、峨眉雪芽、云龙茶、苍山绿茶、南糯白毫、都匀毛尖、遵义毛峰等

（二）红茶

中国红茶的产区主要分布在福建、湖南、四川、云南、广东、广西、湖北、浙江、江苏等地。不同地区的红茶在口感、香气和外观等方面都有其独特的特点。

福建红茶：福建是中国红茶的主要产区之一，其产区包括武夷山、安溪、南安、福鼎等地。福建红茶以正山小种、武夷岩茶、祁门红茶等品种为代表。正山小种产于闽北，以其金芽鲜香、滋味浓郁而享誉世界；武夷岩茶产于闽西北武夷山区，以其香气高雅、口感甘醇而著称；祁门红茶则产于安徽省黄山市祁门县境内的五峰山地区，以其松涛春色、花香果味而受到广泛喜爱。这三款红茶都具有独特的品质和风味，在国内外享有盛誉，其中正山小种更被誉为"红茶鼻祖"。

湖南红茶：湖南是中国红茶的主要产区之一，其产区包括岳阳、张家界、怀化等地。湖南红茶以祁门红茶、湘红、衡阳红茶等品种为代表，其茶汤色泽红亮，滋味鲜爽，有"红茶之花"之称。

四川红茶：四川是中国红茶的主要产区之一，其产区包括雅安、宜宾、成都等地。四川红茶以稻城红茶、宜宾毛尖红茶、汉源红茶等品种为代表，其茶香气清雅，滋味醇厚，有"红茶之魂"之称。

云南红茶：云南红茶产于云南临沧和保山，自问世以来，以其品质卓越和"形美、色艳、香高、味浓"四大特点而闻名，是中国红茶的后起之秀。云南红茶的代表品种有滇红，滇红以云南大叶种茶树的鲜叶为原料，茶多酚含量较高，所以茶汤的味道比较浓。而且滇红的制作工艺比其他红茶简单，细胞壁损伤少，茶叶品质保留多，使其茶汤味道更浓，更耐泡。

其他地区如江西的宁红工夫、广东的英德红茶、安徽的祁红工夫、湖南的湖红工夫（湘红工夫）、湖北的宜红工夫、浙江的越红工夫、江苏的宜兴红茶、四川的川红工夫等也都是中国优质红茶的代表。

除中国生产红茶外，印度、东非、印度尼西亚、斯里兰卡等地区也大量生产红茶。

（三）白茶

白茶的主要产区包括福建福鼎、政和、松溪、建阳等地，以及江西、浙江、湖南和四川等地。不同产区的白茶具有各自独特的特点。

福建白茶：福建省的白茶主要分布在闽东的福鼎、闽北的政和、蕉城天山、松溪、建阳、云南景谷等地。其中，福鼎白茶最为著名，有"白茶之祖"之称，以白毫银针、白牡丹、寿眉等品种最为著名。福鼎白茶品质好，味道鲜爽，香气高雅，口感清甜。建阳白茶以白牡丹和寿眉品种最为著名，以芽叶肥壮，叶片柔软，色泽黄绿，香气浓郁，汤色清澄见底而著称。政和白茶香气清甜，具有高山气息。

江西白茶：主要产于信州、婺源、上饶和抚州等地。江西白茶以寿眉和白牡丹为主，口感清淡，香气高雅，色泽黄绿，汤色清澈见底。江西白茶多以其毛茶端身形状小巧玲珑，色泽翠绿，气味清香而闻名。

四川白茶：主要产于峨眉山、青神、都江堰、苍溪和达州等地。四川白茶色泽黄绿，香气高雅，口感清淡。其中蒲江白茶最为著名，其他品种有大白、乐山白、石棉白等。

浙江白茶：浙江安吉是著名的竹子之乡，所产的安吉白茶是浙江名茶的后起之秀。此茶用绿茶工艺制成，属于绿茶类，其白色是由于幼叶在氨基酸合成受阻的情况下，细胞内游离氨基酸含量急剧增加而形成的。"观直刺非直刺"是形容其叶短小而直立的比喻。安吉白茶形如凤羽，色泽嫩绿略黄，扁平光滑，汤色清澈，滋味鲜爽。

（四）黄茶

黄茶也是我国的特色茶类，历史悠久，在唐代时已是贡品。我国黄茶的主要产区分布在湖南、湖北、四川、安徽、浙江和广东等省份。其中，比较有名的黄茶产地有安徽的黄山、福建的武夷山、江西的吉安、四川的峨眉山等地。黄茶按照鲜叶采摘的老嫩程度不同，分为黄芽茶、黄小茶、黄大茶三种。主要的代表有湖南岳阳的君山银针、四川的蒙顶黄芽、浙江的莫干黄芽、安徽的霍山黄芽等。黄茶茶叶条形粗壮鲜亮，色泽黄绿，口感醇厚，具有独特的闷香，有一定的甜度，茶汤色泽黄橙，有极佳的收敛性。虽然香气不如绿茶浓郁，但含有比绿茶更多的茶多酚和氨基酸等营养成分。

（五）青茶

青茶主要产于中国的福建、广东、台湾等地。广东青茶的主要产区在凤凰乡，一般以水仙品种结合地名而称为"凤凰水仙"。闽北青茶的主要产区在崇安（除武夷山外）、建瓯、建阳、水吉等地。闽南青茶的主要产区在福建安溪县。台北青茶主要产于桃园、新竹、苗栗、宜兰等地县市，是台湾最早生产茶的地区。

（六）黑茶

我国黑茶的主要产区分布在湖南、湖北、四川、云南和广西壮族自治区等地。

黑茶起源于四川省，是唐宋时期在茶马交易绿茶的集散地四川雅安和陕西汉中开始的。当时雅安运输绿茶的路程较远，途中雨天茶叶常被淋湿，天晴时又被晒干，茶叶在干、湿互变过程中发生发酵，形成了品质完全不同于起运时的茶品。后来，人们就在初制或精制过程中增加一道渥堆工序，于是就产生了黑茶，因此黑茶有"马背上形成的"说法。黑茶类产品普遍能够长期保存，而且有越陈越香的品质。

黑茶按照产区的不同和工艺上的差别，可以分为湖南黑茶、湖北老青茶、四川雅安藏茶和滇桂黑茶。主要品种有安化黑茶、湖北佬扁茶、四川藏茶、广西六堡散茶、陕西泾阳茯砖茶等。

第六章　寻访名茶　识茶精品

在数千年的茶发展历史中，一些品质优异、特色鲜明的茶，在发展中形成了自己的特有文化、创造出了很好经济和社会效益，在历史上获得了很高成就与地位的茶，通常会被大众或权威机构认定为名茶。《中国名茶志》认为，"名茶是被消费者公认，能产生经济效益，形质优美，风格独特的商品茶"。比如，中国古代的"贡茶""御茶""名人茶"，现代受市场欢迎的高品质茶很多也都被认为是名茶。《中国茶文化辞典》记载："名茶是指品质优异，风格独特，并得到社会承认的成品茶。风格独特，是指茶的色、形、香、味等方面别具一格，突出优于同类大宗产品得到社会承认，是指各种名茶均具有商品属性，流通于市场，为消费者所熟知，并在一定范围内受到好评，享有盛誉。"

"名茶"因其丰富的内涵和极高的文化品位，一般都具有极高的文化性。因此，名茶文化是"茶文化"的重要内容，中国名茶更是中华优秀传统文化的主要组成部分，具有极高的文化价值。

一、中国名茶

中国茶叶历史悠久，各种各样的茶类品种繁多，各类茶都有自己的加工制作特色和品质特征，其中品质最优的一般都会发展成为名茶，成为诸多花色品种中的珍品茶。

一般来说，名茶必须具备两个基本特点：其一，是必须有独特的风格，在茶叶的色、香、味、形四个方面与一般茶叶比较，必须有更高品质；其二，是具有商品属性，是受市场普遍认可和欢迎的高品质茶。也有一些名茶以其一至两个特色而闻名，被市场认定为名茶。六大基本茶类中，高品质绿茶一般具有色绿、香高、味醇、形美等品质特征，代表名茶有西湖龙井、碧螺春等；高品质红茶的特点是汤色红艳、滋味鲜浓等，如祁门红茶；优质青茶（乌龙茶）则综合了红茶与绿茶的制法，具有色泽墨绿、醇甘，耐冲泡等特点，代表名茶有武夷岩茶等；高品质黄茶具有外形条索紧卷，色泽清润带黄，滋味醇和的特征，如君山银针等；高品质黑茶色泽黑润而有光，汤色红润，有陈香味，代表名茶有云南普洱茶等；高品质白茶，有外形叶沾垂卷、毫色银白，内质汤色杏黄明净等特点，代表名茶有福寿眉、贡眉等茶。

名茶有历史传统名茶和新创名茶两大类。历史传统名茶是指历史上持续生产至今的名优贡茶，如西湖龙井、洞庭碧螺春等名茶。也指历史上有载于史册，曾经在民间广受好评但由于种种原因而消失，在近、现代才重新得到发掘，恢复生产、恢复名声的名茶，如徽州松萝茶、蒙山甘露茶等。新创名茶，是指在传统茶制作的基础上，在制茶原料选择、工艺流程、成茶形态等方面有所创新，从而研制成的名茶，如婺源茗眉、南京雨花茶等。

（一）名茶评比情况

中国茶凭借自身得天独厚的优势享誉中外。20世纪初至今，国内外茶叶经营机构或茶叶协会等数次对中国茶进行了评比。按评选范围不同来分，名茶评比一般分为三大类，国际性名茶评比、全国性名茶评比及县市级地方名茶评比。按不同性质评选机构来分，名茶评比还分为专业机构评比、行业协会评比、企业同盟评比等。不同时期，依据不同的标准，评比结果虽有差异，但总体结果却都是将那一时期中国品质最优良、受欢迎度最高的茶推选出来，评比出来的茶为世界各国爱好茶的人士提供了选择和指引。同时，更为当地茶叶推广做出了巨大贡献。

在近现代各类茶评比中，对茶叶排名影响较大的是1915年巴拿马万国博览会名茶评比。在这次博览会上，中国8个专业馆中的农业馆展品以茶叶为大宗，在展览会的评比中获得巨大丰收，其中茶类所获奖励共分6种，共获奖44个，分别是大奖章（7个）、名誉奖章（6个）、金牌奖章（21个）、银牌奖章（4个）、铜牌奖章（1个）和奖词（5个）。此后，国内据此将博览会中获奖的茶叶进行了排名，评比出了碧螺春、信阳毛尖、西湖龙井、君山银针、黄山毛峰、祁门红茶、武夷岩茶、都匀毛尖、铁观音、六安瓜片中国十大名茶。1959年，"中国十大名茶评比会"再次评选产生了中国十大名茶，这一评选对中国茶业界产生了深远的影响。

当下中国各类名茶评比的活动有很多，大部分是每年固定时间开展，比如，每年春茶上市期间，中国上海国际茶业博览会的中国名茶评比、福建安溪每年进行的茶王赛等。通过各类名茶连续评比，促进了名茶制作水平的提高，加深了生产者、经销者、消费者对名茶的认识。

目前，由中国茶叶学会1994年创办的"中茶杯"是我国茶界历史最悠久、规模最大的名优茶评比活动，至今已成功举办十二届。历届评比活动都呈现出参评茶样多、茶类全、覆盖面广、评比公正公平等特点。评比活动依据中国茶叶学会制定的《"中茶杯"全国名优茶评比办法》，并根据茶产业发展动向，不断调整和完善评比规则，引导名优茶向标准化、清洁化、机械化、可持续化的方向发展。这对培育国内名优茶品牌，提高茶叶生产水平，提升市场竞争力，促进中国茶产业健康持续的发展起到了很好的推动作用，同时也为消费者把关茶叶质量提供了较为科学的依据。

各类中国名茶评比情况如表6-1所示。

表6-1 各类中国名茶评比情况

评价时间	评价机构（地点）	评价结果	
		排名情况	所属茶类
1915年	巴拿马万国博览会后评选的"中国十大名茶"	碧螺春	绿茶
		信阳毛尖	绿茶
		西湖龙井	绿茶
		君山银针	黄茶
		黄山毛峰	绿茶
		祁门红茶	红茶
		武夷岩茶	青茶
		都匀毛尖	绿茶
		铁观音	青茶
		六安瓜片	绿茶
1959年	"中国十大名茶评比会"评选的"中国十大名茶"	洞庭碧螺春	绿茶
		南京雨花茶	绿茶
		黄山毛峰	绿茶
		庐山云雾茶	绿茶
		六安瓜片	绿茶
		君山银针	黄茶

续表

评价时间	评价机构（地点）	评价结果	
		排名情况	所属茶类
1959年	"中国十大名茶评比会"评选的"中国十大名茶"	信阳毛尖	绿茶
		武夷岩茶	青茶
		安溪铁观音	青茶
		祁门红茶	红茶
1999年	《解放日报》公布的"中国十大名茶"评比结果	江苏碧螺春	绿茶
		西湖龙井	绿茶
		安徽毛峰	绿茶
		六安瓜片	绿茶
		恩施玉露	绿茶
		福建铁观音	青茶
		福建银针	白茶
		云南普洱茶	黑茶
		福建云茶	绿茶
		江西云雾茶	绿茶
2001年	美联社和《纽约日报》公布的"中国十大名茶"	黄山毛峰	绿茶
		洞庭碧螺春	绿茶
		蒙顶甘露	绿茶
		信阳毛尖	绿茶
		西湖龙井	绿茶
		都匀毛尖	绿茶
		庐山云雾	绿茶

第六章 寻访名茶 识茶精品

续表

评价时间	评价机构（地点）	评价结果	
		排名情况	所属茶类
2001年	美联社和《纽约日报》公布的"中国十大名茶"	安徽瓜片	绿茶
		安溪铁观音	青茶
		苏州茉莉花	绿茶
2002年	《香港文汇报》公布的"中国十大名茶"	西湖龙井	绿茶
		江苏碧螺春	绿茶
		安徽毛峰	绿茶
		湖南君山银针	黄茶
		信阳毛尖	绿茶
		安徽祁门红	红茶
		安徽瓜片	绿茶
		都匀毛尖	绿茶
		武夷岩茶	青茶
		福建铁观音	青茶

从各类名茶评比活动的结果中我们可以看出，绿茶在名优茶中占主导地位，是中国茶叶发展的主旋律。同时，其他类型的茶叶发展也较快，黑茶、红茶、白茶、青茶、创新茶等茶类的名优茶纷纷脱颖而出，为广大茶人喜爱。此外，近10年来的名优茶评比还呈现出不同茶区名优茶发展也有不同。按茶区统计，获奖率最高的是江南茶区，其次是华南茶区和西南茶区。总体来看，东部地区略高于西部地区，但随着东、西部的交流增加及全国茶叶生产布局的调整，再加上西部地区对茶叶生产在科技方面投入的

不断增加，近 10 年来西部地区在茶树品种改良、茶叶加工技术方面都得到了很大改进，名优茶的数量与质量均有了显著提高。

（二）部分名茶鉴评（以 1915 年巴拿马万国博览会所评的十大名茶为例）

1. 碧螺春

历史文化：碧螺春茶是中国著名的绿茶品牌、中国名茶的珍品，已有 1000 多年的历史，以形美、色艳、香浓、味醇"四绝"闻名于中外。因产于江苏洞庭山区，其干茶外形条索紧结，白毫显露，色泽银绿，翠碧诱人，卷曲成螺，且每年春季采摘，故名"碧螺春"。据清代《野史大观》（卷一）载："洞庭东山碧螺峰石壁，产野茶数株，土人称曰：'吓煞人香'。康熙己卯……抚臣朱荦购此茶以进……圣祖以其名不雅驯，题之曰'碧螺春'。自地方有司岁必采办进奉。"清末震钧（1857—1918 年）所著《茶说》道："茶以碧萝（螺）春为上，不易得，则苏之天池，次则龙井；芥茶稍粗……次六安之青者（今六安瓜片）。"可见，碧螺春在历史上就荣以为冠。

产地特征：苏州洞庭东、西山坐落在烟波浩渺的太湖东岸绵延起伏的群山中。洞庭山山岭的土壤中含有大量的五通系石英砂岩和紫色云母砂岩及小部分中生代石灰岩。这些砂岩及石灰岩经雨水的长期侵蚀，再经坡积物、湖积物填充而成山坞。山坞土壤中有机质、磷含量较高，茶树主要分布在山坞及山麓缓坡中。洞庭山茶树栽培以茶为主，在茶园中嵌种果树、林木，林木覆盖率在 80% 以上，这是碧螺春茶最具特色的栽培方式。2002 年经国家质量监督检验总局批准，碧螺春茶获得原产地域标志产品保护。

品质特点：碧螺春干茶外形条索紧结，卷曲成螺，满身披毫，白毫显露，银白隐翠。冲泡后香气浓郁，滋味鲜醇甘厚，回味绵长，汤色清澈明亮，叶底嫩绿，徐徐舒展，上下翻飞。茶汤银澄碧绿，清香袭人。口味凉甜，鲜爽生津。按产品质量高低不同，碧螺春分为特一级、特二级、一级、二级、三级，其中特一级最为名贵。特一级碧螺春茶在鲜叶挑拣上从一芽一叶改为单芽，挑拣的用时比其他的茶叶多一倍，炒制成干茶后条索纤细，卷曲成螺，满身披毫，银绿隐翠。冲泡后，茶叶色泽鲜润，香气嫩香清幽，茶汤滋味甘醇鲜爽，汤色嫩绿清澈明亮，叶底嫩匀，是碧螺春当中的极品。特二级碧螺春是碧螺春中的上品，干茶条索纤细，卷曲成螺，茸毛披覆，银绿隐翠，清香文雅，浓郁甘醇，鲜爽生津，回味绵长。一级、二级、三级碧螺春干茶均条索纤细，卷曲成螺，白毫批覆，嫩爽清香，滋味鲜醇爽口，汤色绿而明亮。

品鉴方法：首先从外形上鉴别。春分至清明采制的明前碧螺春茶品质最好（明前碧螺春还有细分）。通常采一芽一叶初展，芽长1.6~2.0厘米的原料，叶形卷如雀舌，称为"雀舌"。上等的碧螺春外形银白隐翠，条索细长，卷曲成螺，身披白毫，冲泡后汤色碧绿清澈，香气浓郁，滋味鲜醇甘厚，回甘持久。伪劣的碧螺春则颜色发黑，披绿毫，暗淡无光，冲泡后无香味，汤色黄暗如同隔夜陈茶。没有加色素的碧螺春色泽比较柔和自然，加色素的碧螺春看上去颜色鲜艳，发绿、有明显着色感。

其次是入水鉴别。洞庭碧螺春造型卷曲成螺，茸毛丰富，条索紧结细嫩，冲泡时水温不宜过高，时间不宜过长，水流冲击力不宜过大，否则茶汤易浓、易毫浑。在冲泡方法上，通常选择玻璃杯，采用上投法的冲泡法品鉴碧螺春茶较好，即先在玻璃杯中倒入7分满水，再投茶；或置茶于敞口公道碗，青白瓷公道碗底色清白，茶汤叶底也可细辨分明。公道碗分汤断水爽快，杯中佳茗自然清鲜醇爽、馥郁回甘。泡茶时，先放水后放茶，核心产地所产质量优的碧螺春茶下沉快，其他产地品质较次的碧螺春茶入水下沉稍慢，如若出现茶叶悬浮在水面上不易下沉的，质量等级一般都较次。碧螺春用开水冲泡后，没有加色素的汤色看上去比较清澈柔和、青黄明亮，添加色素的茶汤看上去颜色比较鲜艳，明显发绿。好的碧螺春茶泡开后滋味鲜醇、回味甘厚，汤色嫩绿整齐，幼芽初展，芽大叶小。

再次是从干茶品相上鉴别。核心产区质量等级高的碧螺春外形细如蜜蜂腿，原产地之外所产碧螺春，如浙江碧螺春外形弯曲度大，像月牙形、弧形的居多，甚至有些地方所产碧螺春外形卷曲如球体状。

最后还可以通过闻香鉴别。出自原产地品质高的碧螺春茶有果香，其他产区所产品质较低的碧螺春茶果香味淡或没有果香。

独特功效：碧螺春属于绿茶，根据中国中医学及现代药理学对绿茶的保健功效研究认为：绿茶叶苦、甘，性凉，入心、肝、脾、肺、肾、五经。茶苦能泻下、祛燥湿、降火；甘能补益缓和；凉能清热泻火解表。绿茶叶中含有大量有益于人体健康的化合物。比如儿茶素、维生素C、维生素A、咖啡碱、黄烷醇、茶多酚等。茶叶成分对人体的生理、药理功效是多种多样的，归纳起来碧螺春主要有兴奋中枢神经系统，帮助人们振奋精神、增进思维、消除疲劳、提高效率、防辐射、利尿、强心解痉、松弛平滑肌、抑制动脉硬化、抗菌、抑菌、减肥、防龋齿等保健作用。

存储条件：碧螺春属于绿茶，是未发酵茶叶，是所有茶类中最易陈化变质的茶。如果贮藏不当，绿茶中含有的大量茶多酚、维生素C及叶绿素等成分极易分解而失去光润的色泽及特有的香气。因此，绿茶贮藏必须防潮、避光、通风、冷藏。具体可以采用冷藏法,即将茶叶装入可防潮的容器或袋子中,如镀铝复合袋,用呼吸式抽气机抽气、封口后,送入低温冷藏库贮藏。这是目前科技水平条件下最佳的茶叶保存法,保存量大、时间久。

2. 信阳毛尖

历史文化:信阳毛尖又称豫毛峰,属于绿茶类,是中国十大名茶之一。信阳产名茶在唐代就有记载,唐代陆羽《茶经》和唐代李肇《国史补》中就将信阳茶列为当时的名茶。事实上,唐代,中国茶叶生产发展开始进入兴盛时期,信阳已成为著名的"淮南茶区",所产茶叶品质上乘,被列为贡品。宋代,在《宁史·食货志》和宋徽宗赵佶《大观茶论》中把信阳茶列为名茶,苏东坡称:"淮南茶信阳第一。"元代,据马端临《文献通考》载"光州产东首、浅山、薄侧"等名茶,但由于茶税过重,元代和明代的茶叶生产开始衰落。清代,茶叶生产得到迅速恢复。清代中期是河南省茶叶生产的又一个迅速发展时期,制茶技术逐渐提升,制茶质量越来越讲究,在清末出现了细茶信阳毛尖。清光绪二十九年(1903),邑人甘以敬与王子漠、彭清阁等人商量种茶,招股集资,在震雷山成立"元贞茶社",在历史上的老茶区震雷山北麓垦荒30余亩,种茶树3万多窝,这是近代信阳历史上的第一个茶社。"毛尖"一词最早出现在清末,本邑人把产于信阳的茶叶称为"本山行尖"或"毛尖",又根据采制季节、形态等不同特点,叫作针尖、贡针、白毫、跑山尖等。信阳毛尖独特风格的形成是在20世纪初期,因信阳茶区的八大茶社产出品质上乘的本山毛尖茶,故正式命名为"信阳毛尖"。1915年,浉河区董家河镇车云山生产制作的茶叶获得巴拿马万国博览会金奖。此后,产于董家河"五云山"、浉河港"两潭一寨"、谭家河"一门"(土门)的茶叶定名为信阳毛尖。中华人民共和国成立后,国家对发展茶叶生产极为重视，采取了一系列扶助措施。因此，信阳茶叶生产得到更大的发展，信阳毛尖茶生产技术得到推广，生产区域也不断扩大。

产地特征：信阳地区具有茶树生长得天独厚的自然条件。这里光照长，年平均气温为15.1℃，4—11月的光照时数为1592.5小时（占全年总时数的73%）。太阳迟来早去，光照不强，日夜温差较大，茶树芽叶生长缓慢，持嫩性强，肥厚多毫，有效物质积累较多。尤其是信阳处于北纬高纬度地区，年平均气温较低，很有利于氨基酸、咖啡碱等含氮化合物的合成与积累。信阳山区的土壤多为黄、黑砂壤土，深厚疏松，腐殖质含量较多，肥力较高，pH值为4~6.5。茶农多选择在海拔300~800米的高山区种茶。大部分茶区所在山地山势起伏多变，森林密布，植被丰富，雨量充沛，年平均降雨量为1134.7毫米，云雾弥漫，空气湿润（相对湿度75%以上），适宜茶树生长。

品质特点：信阳毛尖色、香、味、形均有独特个性。从外形上看，干茶匀整、色泽翠绿有光泽、白毫明显、干净，不含杂质，香气高雅、清新，冲泡后茶汤味道鲜爽、醇香高且持久、回甘生津，汤色明亮清澈，呈嫩绿、黄绿或明亮色，劣质信阳毛尖则汤色深绿或发黄、混浊发暗，不耐冲泡，没有茶香味。

品鉴方法：优质信阳毛尖干茶的外形匀整，不含非茶叶夹杂物，且含水量要求严格，不能过高也不能太低，最佳标准含水量要保持在6.5%左右。干嚼茶叶鲜爽浓醇，茶汤滋味以微苦中带甘为最佳。信阳毛尖的滋味分别为苦，涩，甘甜，清爽，放少许在舌尖上尝一尝，直到味蕾上都能感受到茶叶不同有效成分带来的四种味道。另外，冲泡后察看叶底是否嫩黄明亮、均匀，不含杂质也是鉴评其优劣的一个很好途径。

独特功效：信阳毛尖含有丰富的蛋白质、氨基酸、生物碱、茶多酚、糖类、有机酸、芳香物质和维生素 A、维生素 B_1、维生素 B_2、维生素 C、维生素 K、维生素 P、维生素 PP 等以及水溶性矿物质，具有生津解渴、清心明目、提神醒脑、去腻消食、抑制动脉粥样硬化、防癌、防治坏血病和防御放射性元素等多种功能。信阳毛尖茶中的一氨基丁酸对松弛血管壁的效应更显著，喝它能降低血液中胆固醇含量。茶叶中的儿茶素类物质，对人体总胆固醇、游离胆固醇总类脂和甘油三酸酯含量均有明显的降低作用。茶叶中抗氧化组合提取物 GAT 具有显著的抗癌物质的突变作用。信阳毛尖中具有嘌呤碱、腺嘌呤等生物碱，可与磷酸、戊糖等物质形成核苷酸。核苷酸物类中的 ATP、GTP 等化合物对脂类物质的代谢起着重要作用，尤其对含氮化合物具有极妙的分解、转化作用，使其分解转化成可溶性吸收物质，从而达到消脂作用。

存储条件：第一要避高温。在 10℃ 条件下存放茶叶，可以较好地抑制茶叶褐变进程，若能在 –20℃ 条件中冷冻贮藏，将大大防止茶叶陈化变质，温度每升高 10℃，茶叶色泽褐变速度增加 3~5 倍。第二要避潮湿。信阳毛尖水分含量在 3% 左右时最适宜保存，当茶叶中水分含量超过 7% 时，随着茶叶含水量的增高，为霉菌繁殖提供了适宜环境条件，加速变质。第三要避异味。信阳毛尖中含有高分子棕榈酶和萜烯类化合物，能够广吸异味。因此，与有异味的物品混放贮存时，就会极易吸收异味且难以去除。第四要避阳光。信阳毛尖对光的反应敏感，采用透明容器包装，在透光环境下放置 10 天，维生素 C 减少 10%~20%。因此，贮藏信阳毛尖要求包装材料不透光，并应避免强光和光线直射。第五要隔氧气。防止在贮藏过程中自动氧化变质。受氧化变质的茶叶，汤色变红，甚至变褐，茶汤失去鲜爽滋味。

3. 西湖龙井

历史文化：西湖龙井属于绿茶，是中国十大名茶之一，具有1200多年历史。因其产于浙江省杭州市西湖龙井村周围群山，由此得名。龙井茶历史悠久，栽种历史最早可追溯到唐代，陆羽在《茶经》中，就有杭州天竺、灵隐二寺产茶的记载。西湖龙井茶之名始于宋代，北宋时期，龙井茶区已初步形成规模，部分地区所产茶叶已列为贡品。北宋林逋有"白云峰下两枪新，腻绿长鲜谷雨春"之句赞美龙井茶，并手书"老龙井"等匾额，至今尚存寿圣寺胡公庙、十八棵御茶园中狮峰山脚的悬岩上。元代，龙井附近所产之茶开始闻名，当时的僧人居士看中龙井一带风光幽静，又有好泉好茶，常结伴前来饮茶赏景。有爱茶人虞伯生始作《游龙井》饮茶诗，诗中曰："徘徊龙井上，云气起晴昼。入门避沽酒，脱屦乱苔甃。澄公爱客至，取水挹幽窦。坐我薝卜中，馀香不闻嗅。但见瓢中清，翠影落碧岫。烹煎黄金芽，不取谷雨后，同来二三子，三咽不忍漱。"到了明代，龙井茶开始声名远播并成了中国名茶。万历年《钱塘县志》记载："茶，出老龙井者佳，色清味甘，与他山异。"清代乾隆皇帝巡视杭州时，据传四次到龙井茶区视察、品尝龙井茶，并在龙井茶区的天竺作《观采茶作歌》诗一首，胡公庙前的18棵茶树也被御封为"御茶"。从此，龙井茶更加身价大振，名扬天下，到此问茶者络绎不绝。近代人徐珂更称："各省所产之绿茶，空作深碧色，独吾杭之龙井，色深碧。他处之茶皆蜷曲而圆，杭之龙井扁且直。"民国期间，著名的龙井茶成为中国名茶之首。中华人民共和国成立后，国家积极扶持龙井茶的发展，龙井茶被列为国家外交礼品茶。"院外风荷西子笑，明前龙井女儿红。"西湖龙井茶与西湖一样，是人、自然、文化三者的完美结晶，是西湖地域文化的重要载体。在这一千多年的历史演变过程中，西湖龙井茶从无名到有名，从老百姓饭后的家常饮品到帝王将相的贡品，从中华民族的名茶到走向世界的名品，开始了它的辉煌时期。

产地特征：西湖龙井产于浙江杭州西湖的狮峰、翁家山、虎跑、梅家坞、云栖、灵隐一带的群山之中，产区具有优越的自然条件，有利于茶树的生长发育。这里光照漫射，气候温和，年平均气温16℃；雨量充沛，年降水量在1500毫米左右；土壤微酸，土层深厚，排水性好；产区内林木茂盛，溪润长流。在优越的自然条件下，茶芽可以不停萌发，采摘时间长，全年可采30批左右，几乎是茶叶中采摘次数最多的。2011年6月28日"西湖龙井"国家地理标志证明商标注册成功。在《西湖龙井茶产地证明标识管理办法》（2020）中规定，凡需在外包装上使用"西湖龙井"或"龙井茶（西湖产区）"字样的产品（三级及以上），必须是产自杭州市西湖区、西湖风景名胜区东起虎跑、茅家埠，西至杨府庙、龙门坎、何家村，南起社井、浮山，北至老东岳、金鱼井的范围内，由杭州市人民政府划定予以保护的168平方千米茶地，必须统一加贴标识。

西湖龙井茶区分一级产区和二级产区，一级产区包括传统的"狮（峰）、龙（井）、云（栖）、虎（跑）、梅（家坞）"五大核心产区，二级产区是除了一级产区外西湖区所产的龙井。"狮"字号为龙井狮峰一带所产，"龙"字号为龙井、翁家山一带所产，"云"字号为云栖、五云山一带所产，"虎"字号为虎跑一带所产，"梅"字号为梅家坞一带所产。

品质特点：西湖龙井茶素以"色绿、香郁、味甘、形美"四绝著称。西湖龙井按外形和内质的优次分作1~8级，以春茶中的特级西湖龙井为例，其干茶外形挺直削尖、扁平俊秀、光滑匀齐、芽长于叶，色泽绿中显黄，内质清香味醇。冲泡后，茶汤清香或嫩栗香，部分茶带高火香，香气清高持久，香馥若兰；汤色嫩绿（黄），清澈明亮，叶底嫩绿，芽芽直立，栩栩如生。茶汤味甘，香气浓郁，沁人心脾，齿间流芳，回味无穷。其余各级龙井茶随着级别的下降，外形色泽由嫩绿到青绿再到墨绿，茶身由小到大，茶条由光滑至粗糙；香味由嫩爽转向浓粗，四级茶开始有粗味；叶底由嫩芽转向对夹叶，色泽由嫩黄到青绿再到黄褐。夏秋龙井茶，色泽暗绿或深绿，茶身较大，体表无茸毛，汤色黄亮，有清香但较粗糙，滋味浓略涩，叶底黄亮，总体品质比同级春茶差。

品鉴方法：特级西湖龙井茶扁平光滑挺直，色泽嫩绿光润，香气鲜嫩清高，滋味鲜爽甘醇，叶底细嫩呈朵。西湖龙井各等级干茶品质的优劣与否，可以采用"看、摸、闻、尝"的方法加以鉴别。

看，主要是看干茶的外形、色泽、匀净度等是否符合龙井茶的基本特征。通过外形评定，可以判定其是属于西湖龙井还是浙江龙井。西湖龙井和浙江龙井这两种茶外形十分接近，尤其是有的茶区采用龙井种鲜叶炒制成扁形茶，其外形与西湖龙井非常相似，难以区分辨别，这就给判别龙井茶的产地带来很大的难度，这也是市售龙井茶中标识混乱的原因。有经验的审评者，根据龙井茶外形的基本特征，还是能对大多数茶叶的产地加以区分的。龙井茶的级别评定应对照标准茶样而定，若外形与标准样有差别的（如有机茶），可按嫩度与标准样相当的级别确定。龙井茶的级别与色泽有一定的关系，高档春茶，色泽嫩绿色为优，嫩黄色为中，暗褐色为下。夏秋季制的龙井茶，色泽青暗或灰褐，是低次品质的特征之一。机制龙井茶的色泽较暗绿。

摸，主要是感受茶叶的干燥程度。干燥度足够的干茶放在拇指与食指之间用力捻即成粉末，若为小碎粒，则干燥度不足。干燥度不足的茶叶，比较难储存，同时香气也不高。

闻，主要是嗅闻干茶香气的高低和香型，并辨别是否有烟、焦、酸、馊、霉等劣变气味和其他各种夹杂的不良气味。在品鉴西湖区梅家坞、狮峰一带的早春茶叶时，如果制茶工艺正常，不带老火和生青气味的特级西湖龙井和产于浙江省的特级浙江龙井在香气和滋味上有一定的差别。西湖龙井嫩香中带清香，滋味较清鲜柔和；浙江龙井带嫩栗香，滋味较醇厚。若使用"多功能机"炒制的西湖龙井和浙江龙井，由于改变了传统龙井茶的制作工艺，两者的香气无明显的区别。其他扇形茶大多呈嫩炒青茶的风味。但即使是西湖龙井，一旦炒成老火茶，呈炒黄豆香后，则不易从香气上分清其产地。

尝，一般取3~4克龙井茶置于杯碗中，冲入沸水150~200毫升，5分钟后先嗅香气，再看汤色，细尝滋味，后评叶底。高档茶的汤色一般都显现嫩绿、嫩黄的颜色，中低档茶和失风受潮的茶汤色则偏黄褐。叶底的评定主要是看其色泽、嫩度、完整程度。有时把杯中的茶渣倒入长方形的搪瓷盘中，再加入冷水，看叶底的嫩匀程度，可作为定级的参考。

新旧龙井茶辨别上，"茶叶越新鲜越好"的说法并不准确，因为新鲜的茶叶中酚类物质、醛类物质、醇类物质还没有被完全氧化，长期饮用新茶，会导致腹泻等不适症状。如果茶叶存放一年半以上或者因为保存不当而发霉变质，也不能饮用。

明前新茶和雨前新茶的辨别，主要依据两者的采摘时间来鉴定，明前新茶在清明之前采摘，雨前新茶在清明之后谷雨之前采摘。明前新茶数量稀少，茶汤也更加香醇。虽然雨前新茶的茶汤略带苦涩，但是其营养物质含量较丰富。

产地鉴别方面，最直接的办法就是查询防伪标志。精、特级"西湖龙井"的每个包装都贴有专用的防伪标志和带防伪标志的产地证书。标志和证书都具有唯一性，且必须同时使用。茶叶包装外需贴销售企业用防伪标识，并有国家原产地域保护产品标志。

此外，冲泡品鉴茶叶时，要选择好水（纯净水或山泉水）、适宜的冲泡器具（陶瓷或玻璃茶具），控制好水温（一般用85~95℃沸水冲泡，切不可用即开开水，冲泡之前，最好凉汤，即在储水壶置放片刻再冲泡），泡茶前用开水温杯，再投放茶叶，然后，倒五分之一开水，浸润，摇香30秒左右，再用悬壶高冲法注下七分满开水，35秒之后，即可品饮。

独特功效：西湖龙井茶除具备所有绿茶具有的功效外，因其产于浙江杭州西湖区，故有"色绿、香郁、味甘、形美"四绝佳茗之誉；茶叶中氨基酸、儿茶素、叶绿素、维生素C等成分也均比其他茶叶多，营养丰富，功效及作用独特，所以被誉为"绿茶皇后"。

存储条件：井茶与其他绿茶储存环境条件相同，需要放入铁罐或锡罐内避光、隔离潮湿、防异味、密封放置在常温、阴凉处存放。装入铝箔袋储存的绿茶需挤掉袋内多余空气，并将袋口密封。若需长期保存，封口后将茶叶袋，装入储存罐盖好盖子，最后放入冰箱冷藏室直立保存，取用时可以提前取出1~2周的用量，不频繁开启为好。

4. 君山银针

历史文化：君山银针属于黄茶，是中国名茶之一。产于湖南岳阳洞庭湖中的君山，因其外形细如银针，故名君山银针。君山所在的岳阳市，古称岳州，唐代开始种植茶叶，北宋范致明《岳阳风土记》中有关于岳州茶的记述。到了清代，洞庭君山茶被列为"贡茶",据《巴陵县志》记载"君山产茶嫩绿似莲心""君山贡茶自清始,每岁贡十八斤""谷雨前,知县邀山僧采一旗一枪,白毛茸然,俗呼白毛茶",古人形容君山银针茶如"白银盘里一青螺",清代,分为"尖茶"和"茸茶"两种,其中"尖茶"如茶剑,白毛茸然,纳为贡茶,素称"贡尖"。清代江县《潇湘听雨录》记载:"湘中产茶,不一其地。……而洞庭君山之毛尖,当推第一,虽与银鍼雀舌诸品校,未见高下,但所产不多,不足供四方尔。"另据《湖南省新通志》记载:"君山茶色味似龙井,叶微宽而绿过之。"君山茶历史悠久,自唐代以来备受上层社会欢迎,据说文成公主出嫁时就选带了君山银针茶进入西藏。

产地特征:君山,又名洞庭山,是湖南岳阳市君山区洞庭湖中岛屿。君山岛四面环水,岛上土壤肥沃,多为砂质土壤,肥沃深厚,土质疏松,吸热能力强,表层水分蒸发快。岛上地势平缓,无高山深谷,阳光照射充足,年均日照时间长,年平均温度16~17℃,年降雨量为1340毫米左右,空气中相对湿度较大,年均相对湿度高达84%,岛上昼夜湿差较小,而地面昼夜温差大,这样的气候环境特别有利于茶树生长。尤其是3—9月,空气的相对湿度约为80%,气候非常湿润。春夏季湖水蒸发,云雾弥漫,岛上树木丛生,森林覆盖率达90%左右,自然环境适宜茶树生长。由于岛上多为树木荫蔽的谷地和坡地,冬季气温高,春季温度变幅小,全年光照弱,风速小,湿度大,云雾多,因而茶树叶片栅栏组织厚度变小,海绵组织发达,角质层薄,叶片大,厚而柔软,新枝节间长。所以君山茂密的森林是生产名茶的优势条件之一,山地遍布茶园。君山银针独特的品质与岛上的气候、土质、植被密不可分。

品质特点:君山银针全由芽头制成,茶芽像一根根针,芽头茁壮、长短均匀，茶身满布毫毛，内呈橙黄色，外裹一层白毫，雅称"金镶玉"。"金镶玉色尘心去，川迥洞庭好月来"是对君山银针的形象描述。冲泡后芽身金黄发亮，着淡黄色茸毫，像黄色羽毛一样根根竖立，又被称为"黄翎毛"。冲泡时，芽竖悬汤中冲升水面，徐徐下沉，再升再沉，三起三落，蔚成趣观。君山银针冲泡后汤黄澄高，入口则茶香气清高，滋味甘醇甜爽，久置不变其味。

品鉴方法：成品君山银针茶按芽头肥瘦、曲直、色泽亮暗进行分级，由未展开的肥嫩芽头制成。芽头肥壮挺直、匀齐，满披茸毛，色泽金黄光亮，香气清鲜，茶色浅黄，味甜爽，冲泡看起来芽尖冲向水面，悬空竖立，然后徐徐下沉杯底。假银针为青草味，泡后银针不能竖立。

在冲泡技术上也与其他茶叶不同。首先，水质要求高，最好用清澈的山泉水冲泡君山银针，水充满后，要敏捷地将杯盖盖好，隔三分钟后再将杯盖揭开。此时的芽茶形如群笋出土，又像银刀直立。待茶芽大部立于杯底时即可欣赏、闻香、品饮。其次，冲泡时，茶具宜用耐高温、透明的玻璃杯，每杯用茶量也要适量（普通玻璃杯约取3克为宜），利于欣赏茶的曼妙姿态。最后，冲泡时，速度要求快，冲水时壶嘴从杯口迅速提至六七十厘米的高度，利于激发出茶性。

独特功效：黄茶属于轻发酵茶，制作工艺与绿茶相似，是由绿茶加工工艺发展而来的，特殊的闷黄工艺造就了其独特的"三黄"品质（干茶黄、汤色黄、叶底黄）。黄茶香气清冽醇和，富含茶多酚、氨基酸、可溶性糖、维生素等丰富的营养物质，鲜叶中天然物质保留达85%以上，这些物质对提神醒脑、消除疲劳、消食化滞、防癌抗癌、杀菌、消炎等均有特殊效果，被茶叶专家推荐为适宜饮用的茶类。与绿茶一样，君山银针也含有大量的咖啡碱、茶多酚等成分，能刺激胃部的蠕动，因此胃部有炎症或不适者不适宜饮用。

存储条件：黄茶的保质期一般为12个月。保存黄茶的方法与绿茶类似，避光、防潮、防异味、密封，建议将茶装入铝袋或牛皮纸袋，挤掉袋内多余空气，将袋口密封，之后将茶叶袋放入铁罐或锡罐内，密封放入冰箱冷藏保存。

5.黄山毛峰

历史文化：据史料《黄山志》记载："莲花庵旁就石隙养茶，多清香冷韵，袭人断腭，谓之黄山云雾茶。"传说这就是黄山毛峰的前身。另有《徽州府志》记载："黄山产茶始于宋之嘉祐，兴于明之隆庆。"据《徽州商会资料》记载，真正的黄山毛峰茶是由清光绪年间（1875年前后），歙县茶商谢正安（字静和）开办的"谢裕泰"茶行创制。当时，为了采到更好的新茶，清明前后，谢正安亲自率人到充川、汤口等高山名园选采肥嫩芽叶，取名"毛峰"，后来这一地带所产茶均以地名命名为"黄山毛峰"。黄山毛峰是国家农产品地理标志产品、国家地理标志保护产品。

产地特征：黄山毛峰茶产于安徽省黄山（徽州）一带，所以又称徽茶。其中，黄山风景区境内海拔700~800米的桃花峰、紫云峰、云谷寺、松谷庵、吊桥庵、慈光阁一带为特级黄山毛峰的主产地，风景区外围的汤口、岗村、杨村、芳村等地是黄山毛峰的重要产区，历史上曾称之为黄山"四大名家"。这一地带位于北纬30°08'的位置，属于亚热带和温带的过渡地带，降水相对比较丰沛，植物茂盛。该区地质地貌、物种矿藏、水文气候等多样复杂，有利于茶树的生长。除具备一般茶区的气候湿润、土壤松软、排水通畅等自然条件外，黄山还兼有山高谷深，溪多泉清湿度大，岩峭坡陡能蔽日，林木葱茏水土好等特点，这样的自然条件很适合茶树生长，因而黄山毛峰叶肥汁多，经久耐泡。此外，因黄山遍生兰花，采茶之际，正值山花烂漫，所以花香的熏染使得黄山茶叶格外清香，风味独具。

品质特点：黄山毛峰属于绿茶，外形细嫩扁曲，以多白毫有锋，芽尖似峰而得名。特级黄山毛峰的品质特点为"香高、味醇、汤清、色润"，条索细扁，形状似"雀舌"，绿中泛黄，白毫显露，色似象牙，带有金黄色鱼叶（俗称"茶笋"或"黄金片"，有别于其他毛峰）。特级黄山毛峰芽肥壮、匀齐、多毫，入杯冲泡雾气结顶，清香高长，汤色清澈明亮，叶底黄绿肥壮有活力，滋味鲜浓、醇厚，回味甘甜。

品鉴方法：可从察看其外形、嗅香气、看汤色、尝滋味、评叶底5个步骤来品鉴黄山毛峰的真假与品质高低。茶外形方面，黄山毛峰条索细扁，翠绿中略泛微黄，色泽油润光亮；尖芽紧偎叶中，形似雀舌。干茶的芽峰显露，芽毫越多的品质越高，芽峰藏匿、芽毫少的品质就差。特级黄山毛峰冲泡后芽叶会竖直悬浮于水中，继而徐徐下沉，芽挺叶嫩。茶香气方面，品质好的黄山毛峰，嗅闻其干茶时有鲜爽清新之感，有近似兰花香或板栗香味。茶汤色方面，上乘的黄山毛峰冲泡3~5分钟后，汤色清澈明亮，呈浅绿或黄绿，而且清而不浊，香气馥郁高长。茶汤滋味方面，品质好的黄山毛峰喝进口中，一般会感觉味鲜浓而不苦，回味甘爽。叶底方面，黄山毛峰干茶经冲泡去汤后留下的叶底嫩黄肥壮，厚实饱满，均匀成朵，通体鲜亮。

独特功效：与大部分绿茶一样，黄山毛峰因含丰富的酚类、黄酮类和儿茶素类物质，能有效中和亚硝酸盐，清除由于吸烟而产生的口臭，从而减少吸烟带来的危害。因茶叶中含咖啡碱、茶碱、可可碱、黄嘌呤等生物碱物质，所以黄山毛峰还具有维持血液的正常酸碱平衡的功能，可以保护人的造血机能。此外，黄山毛峰的茶叶中还含有防辐射物质，所以在看电视或上网时喝黄山毛峰，能减少辐射的危害。

存储条件：黄山毛峰属于绿茶，因绿茶不耐贮藏，易氧化变质，因此，贮藏时要低温、避光、防潮、避氧、避异味。夏季贮藏绿茶时，最好将茶叶装在密封容器内，放入冰箱低温保存。

6. 祁门红茶

历史文化：祁门红茶简称祁红，产于安徽省祁门、东至、贵池（今池州市）、石台、黟县，以及江西的浮梁一带。祁门茶最早可追溯至唐代陆羽的茶经，其中有"湖州上，常州次，歙州下"的记载，当时的祁门就隶属歙州。清光绪以前，祁门地区就生产绿茶，因制法与六安绿茶相似，所以被称为"安绿"。1875年前后，祁门人士胡元龙借鉴了外省的红茶制法，在祁门加工出了红茶，后由北平同盛祥茶庄引入北平，在市场获得了成功，逐渐形成了"祁门红茶"。当时江西宁州生产红茶已经超过20年历史，品质稳定可靠，随着胡元龙创始的祁门红茶的诞生，由于其茶叶品质与建德红茶、宁州红茶类似，此后三者在出口市场上长期为竞争对手。

产地特征：祁门红茶产区全县分为三域，在这些区域内自然条件优越，山地林木多，温暖湿润，土层深厚，雨量充沛，云雾多，很适宜于茶树的生长。茶树品种高产且质优，植于肥沃的红黄土壤中，其内含物丰富，酶活性高，很适合用于工夫红茶的制造，尤其是当地茶树的主体品种——槠叶种，优势极为明显。三个产茶区域内，在溶口直上到侯潭转往祁西历口区域内，以贵溪、黄家岭、石迹源等处为最优；在闪里、箬坑到渚口的区域内，以箬坑、闪里、高塘等处为佳；在塔坊直至祁红转出倒湖区域内，以塘坑头、泉城红、泉城绿、棕里、芦溪、倒湖等处为代表。其中黄山市祁门县历口古溪、闪里、平里一带所产的红茶质量最优。

品质特点：祁门红茶干茶外形条索紧细，苗秀显毫，色泽乌润；茶叶香气清香持久，似果香又似兰花香，国际茶市上把这种香气专门叫作"祁门香"；汤色红艳透明，叶底鲜红明亮，滋味醇厚，回味隽永。祁门红茶是红茶中的极品，有"祁红特绝群芳最，清誉高香不二门"盛誉之说，被英国女王和王室美称为"群芳最""红茶皇后"。

品鉴方法：祁门红茶采制工艺精细，采摘一芽二、三叶的芽叶作原料，经过萎凋、揉捻、发酵，使芽叶由绿色变成紫铜红色，香气透发后，进行文火烘焙至干。祁门红茶采用清饮最能品味其隽永香气，冲泡工夫红茶时一般要选用紫砂茶具、白瓷茶具和白底红花瓷茶具。茶和水的比例在1∶50左右，泡茶的水温在90~95℃。冲泡工夫红茶一般采用壶泡法，首先将茶叶按比例放入茶壶中，加水冲泡，冲泡时间在2~3分钟，然后按循环倒茶法将茶汤注入茶杯中并使茶汤浓度均匀一致。品饮时要细品慢饮，好的工夫红茶一般可以冲泡2~3次。总体上，我们可以从外形、色泽、香气、汤色、味道、汤底、色彩等方面来品鉴其品质的高低。从外形来看，优质的祁门红茶干茶条索紧细、匀齐，条索粗松、匀齐度差的，质量也差。从色泽上看，干茶色泽乌润，富有光泽的，质量好，色泽不一致，有死灰枯暗的，则质量也差。从茶汤香气来看，冲泡后茶汤香气浓郁的质量好，香气不纯，带有青草气味的，质量次，香气低闷则为劣质茶，不宜饮用。从茶汤颜色来看，汤色红艳，在杯内茶汤边际构成金黄圈的为优，汤色欠明的为次，汤色深浊的为劣。从茶汤味道来说，味道浑厚的为优质祁红，味道苦涩的为次品，味道粗淡的为劣质茶。从茶汤叶底来看，叶底亮堂的，质量好，叶底花青的为次，叶底深暗多乌条的为劣。

独特功效：祁门红茶具有高营养价值和保健功效。营养方面，祁红含有丰富的核黄素、叶酸、胡萝卜素、生育酚及叶绿醌，是食品中氟化物的重要源泉。红茶中茶氨酸的含量和氨基酸总量在各茶类中位于第二位，此外，还含有少量的游离氨基酸、大量的维生素、丰富的矿物质（钙、铜、钠、磷和锌等）和微量元素。保健方面，红茶成分拥有多项药理作用，其中所含的丰富咖啡碱，能促成提神、思考力集中，提神消疲，使思维反应更加敏锐，记忆力增强。它也对血管系统和心脏具有兴奋作用，强化心搏，从而加快血液循环以利新陈代谢，同时又促进发汗和利尿，由此双管齐下加速排泄乳酸（使肌肉感觉疲劳的物质）及其他体内老废物质，达到消除疲劳的效果。红茶中的多酚类、糖类、氨基酸、果胶等与口涎产生化学反应，刺激唾液分泌，导致口腔觉得滋润，产生清凉感。因此，夏天饮红茶能止渴消暑，生津清热。红茶中的咖啡碱和芳香物质联合作用可增加肾脏的血流量，提高肾小球过滤率，扩张肾微血管，并抑制肾小管对水的再吸收，促成尿量增加。因此，喝红茶有很好的利尿功效。红茶中的多酚类化合物具有消炎的效果，儿茶素类能与单细胞的细菌结合，使蛋白质凝固沉淀，借此抑制和消灭病原菌。所以细菌性痢疾及食物中毒患者喝红茶颇有益，民间也常用浓茶涂伤口、褥疮和香港脚。红茶中的茶多碱能吸附重金属和生物碱，并沉淀分解，有解毒功效。红茶经过发酵烘制而成，茶多酚在氧化酶的作用下发生酶促氧化反应，含量减少，对胃部的刺激性就随之减小，而且这些茶多酚的氧化产物还能够促进人体消化。因此，红茶不仅不会伤胃，反而能够养胃。经常饮用加糖的红茶、加牛奶的红茶，能消炎、保护胃黏膜，对治疗溃疡也有一定效果。此外，红茶还具有防龋、延缓老化、降血糖、降血压、降血脂、抗癌、抗辐射、减肥等功效。

存储条件：红茶干茶容易受潮和散发香味，需要选用密闭干燥的容器储存，存放的过程中还需要避免不同种茶叶的混合存放。此外，干茶都应储存在避光的位置，这样更有利于保持茶的原味。

7. 武夷岩茶

历史文化：武夷岩茶是产于闽北武夷山市（原崇安县）武夷山岩上乌龙茶类的总称。据史料记载，商周时期，武夷茶就随"濮闽族"君长会盟伐纣时进献给周武王。到了西汉时期，武夷茶已初具盛名。唐代民间就已将其作为馈赠佳品。宋代，武夷茶成为北苑贡茶的一部分，运往建州进贡。元代，武夷茶正式并大量成为贡茶，元大德六年（1302年），朝廷在武夷山的四曲溪畔设置"御茶园"，监制贡茶。此后在长达255年间，武夷茶一直作为御茶进贡朝廷，客观上扩大了武夷茶的影响。明末清初，加工炒制茶的方法不断创新，半发酵的乌龙茶出现。清康熙年间，开始远销西欧、北美和南洋诸国。清代，武夷茶进入全面发展时期，这一时期武夷茶区呈现红茶、绿茶、乌龙茶并存的状况，而且还有许多的名枞。由于英国女王极力推崇武夷山的正山小种红茶，武夷红茶成为欧美上乘的时尚饮料，欧美人将中国茶称为武夷茶。而武夷茶，则成了所有武夷山地区出产茶的总称。

产地特征：武夷山坐落在福建武夷山脉北段东南麓，面积70平方千米，有"奇秀甲于东南"之誉。此地群峰相连，峡谷纵横，九曲溪萦回其间，属于中亚热带海洋性气候，冬暖夏凉，雨量充沛，年降雨量2000毫米左右。此外，它还属于丹霞地貌，因为岩石中富含铁元素，年长日久氧化后地表呈现褚红色，主要有石英斑岩，砾岩，红砂岩，页岩，凝灰岩等几种。表层的土壤，则是富含腐殖质的酸性红壤。这种土壤，正如古人所说的"上者生烂石，中者生砾壤，下者生黄土"，非常适合茶树的生长。武夷山多悬崖绝壁，茶农利用岩凹、石隙、石缝等，沿边砌筑石岸种茶，因此有"盆栽式"茶园之称。

产于武夷山的乌龙茶，通称为武夷岩茶。因产茶地点不同，所以又分为正岩茶、半岩茶、洲茶。正岩茶指武夷岩中心地带所产的茶叶，其品质高味醇厚，岩韵特显。半岩茶指武夷山边缘地带所产的茶叶，其岩韵略逊于正岩茶。洲茶泛指靠武夷岩两岸所产的茶叶，品质又低一等。武夷岩茶名岩产区为武夷山市风景区范围，区内面积70平方千米，即东至崇阳溪，南至南星公路，西至高星公路，北至黄柏溪的景区范围。武夷岩茶丹岩产区为武夷岩茶原产地域范围内除名岩产区的其他地区。

武夷岩茶有规范性的国家标准《武夷岩茶新国家标准GB/T 18745—2006》，规范中对其产地与范围，分类及要求，试验方法，检查规则，标志、标签、运输、贮存产品质量加以严格界定，只有生长在福建省武夷山市，用独特的传统工艺加工制作而成的乌龙茶才叫武夷岩茶。武夷岩茶的产品分为大红袍、名枞、肉桂、水仙、奇种五种，其中以大红袍最为名贵。

品质特点：武夷岩茶为乌龙茶类，属于半发酵的青茶。绿叶红镶边，形态艳丽，深橙黄亮；汤色如玛瑙，岩韵醇厚，花香怡人；茶汤清鲜甘爽，回味悠悠。它既有红茶的甘醇，又有绿茶的清香，是"活、甘、清、香"齐备的茶中珍品。武夷岩茶饮后齿颊留香、喉底回甘、汤色澄黄、叶底明亮、绿叶红镶边、七泡有余香，因而令人倾倒，畅销海内外。18世纪传入欧洲后，备受当地群众的喜爱，曾有"百病之药""乌龙茶中的明珠"等美誉。

品鉴方法：不同品种的武夷岩茶品质特点不一，我们可以从干茶形状，色泽，香气，茶汤颜色、滋味，叶底等方面对其做基本鉴别。外形方面，好的岩茶外形条索紧结重实，条索长短适中略粗，叶端褶皱扭曲，不带梗朴，不断碎。色泽方面，揉捻适宜焙火适度的武夷岩茶色泽油润，呈鲜明之绿褐色，俗称之为宝色，条索表面有蛙皮状白砂粒，俗称"蛤蟆背"。茶汤香气方面，武夷岩茶既具有绿茶的清香同时又具有红茶的熟香，品质高的岩茶香气强且清新幽远，品质差的香气不明显或无香气。冲泡武夷岩茶时：第一，闻香气的高低、长短、强弱、清浊以及火候；第二，泡时闻岩茶的香型，好的岩茶具有其独特香型，有水蜜桃香、桂皮香、兰花香、奶油香等；第三，泡闻茶香的持久程度，好的岩茶"七泡有余香"，甚至好的岩茶到八泡时仍有余香、九泡时有余味。通常以能冲泡五泡以上，茶味仍未变淡者为佳。茶汤颜色方面，好的岩茶冲泡后汤色清澈明亮，呈橙红色。岩茶水色一般呈深橙黄色，清澈鲜丽，泡至第三、四次时而水色仍不变淡者的品质高。茶汤滋味方面，品质高的岩茶茶汤入口时，芬芳气味浓厚鲜爽，过喉可以感觉到很好的润滑性，最初喉咙部位可略感觉到一点苦涩味，过后唇舌喉部渐渐生津，甘甜可口，岩韵明显。叶底方面，品质优良的岩茶冲泡后叶片容易展开，叶底肥厚柔软，茶叶边缘可见银朱色，叶片中央的绿色部分，清澈淡绿，略带黄色，叶脉淡黄，即所谓的"绿叶红镶边"。

独特功效：武夷岩茶在提高人体免疫力、抗衰老、防癌、防治心血管病、保护泌尿器官、保护消化器官等方面有独特功效。因茶中氟的含量较高，所以对牙齿也有很好的保健作用，能防治龋齿，增强骨骼坚韧度。与其他种类的茶一样，常喝武夷岩茶还有止渴、除疾、清凉解毒、兴奋神经中枢、消减疲劳、醒酒、解除酪酊、沉淀有害离子、消炎杀菌、抑制病毒、抗辐射、治辐射内外损伤、减肥和美容等功效。

存储条件：干茶的储存需要干燥、洁净、避光、低温、少氧的环境，采用深色玻璃瓶或双层铁盖的茶叶盒存储茶叶较为合适，放入干燥剂，盖紧盖子并用石蜡封口，存于阴凉避光处。短期保存可先用干净纸包好，放入双层塑料袋内。干茶存储温度在0~10℃最佳，有条件的放入冰箱内保存，且不与其他有较强气味的物品放在一起储存。

8. 都匀毛尖

历史文化：都匀毛尖属于绿茶，产于贵州都匀市，属黔南布依族苗族自治州。民国《都匀县志稿》上记载："茶，四乡多产之，产小菁者尤佳（即今都匀市的团山、黄河一带），以有密林防护之。"《都匀市志》（贵州人民出版社，1999年4月）上记载："都匀毛尖茶：原产境内团山黄河，时称黄河毛尖茶。"该茶在明代已为贡品敬奉朝廷，深受崇祯皇帝喜爱，因形似鱼钩，因此被赐名"鱼钩茶"。1956年，由毛泽东亲笔命名，又名"白毛尖""细毛尖""雀舌茶"。

产地特征：都匀毛尖主要产自贵州都匀团山、哨脚、大槽一带，这里环境优良，四季宜人，年平均气温为16℃，平均年降水量在1400多毫米。起伏的山谷间溪流不断，林木苍郁，云雾笼罩。山谷林间土层深厚，土壤疏松湿润，土质是酸性或微酸性，内含大量的铁质和磷酸盐。这些特殊的自然条件不仅适宜茶树的生长，而且也形成了都匀毛尖的独特风格。

品质特点：都匀毛尖干茶色泽绿中带黄，茶汤颜色绿中透黄，叶底绿中显黄，有"三绿透黄色"的特色。成品都匀毛尖色泽翠绿、外形匀整、白毫显露、条索卷曲。都匀毛尖的茶汤香气清嫩、滋味鲜浓、回味甘甜、汤色清澈、叶底明亮、芽头肥壮。

品鉴方法：因都匀毛尖一般均采自清明前后数天内刚长出的一叶或二叶未展开的叶片。因此，从外形上来看，茶叶叶片细小短薄，外形卷曲似螺形，白毫特多，色泽绿润，嫩绿匀齐。特级都匀毛尖成品茶品质润秀，香气清鲜，滋味醇厚，回味甘甜。劣质或假冒都匀毛尖茶往往在第一次冲泡后味道就会荡然无存。

独特功效：都匀毛尖茶叶内含的咖啡碱、儿茶素、一氨基丁酸等能促使人体血管壁松弛，并能增加血管有效直径，使血管壁保持一定弹性，消除脉管痉挛从而起到降低血压、血脂和胆固醇的作用。茶叶中含有的嘌呤碱、腺嘌呤等生物碱能帮助净化人体机能，净化人体消化器官的作用。茶叶中抗氧化组合提取物GAT有抑制黄曲霉毒素、苯并吡等致癌物质的突变作用。故有抑制肿瘤转移的效应，茶叶中茶多酚的含量越多，抗癌作用也就越强。

存储条件：都匀毛尖属于绿茶，与其他绿茶一样不耐贮藏，易氧化变质。因此，存储都匀毛尖时需将茶叶装入镀铝复合袋，用呼吸式抽气机抽气、封口后，送入低温冷藏库贮藏。

9. 铁观音

历史文化：铁观音属于青茶（乌龙茶），介于绿茶和红茶之间，属于半发酵茶类。原产于福建泉州市安溪县西坪镇，《清上明制茶法》记载：青茶（即乌龙茶）起源：福建安溪劳动人民在清雍正三年至十三年（1725—1735年）创制发明了青茶，首先传入闽北后传入台湾地区。乾隆六年（1741年），清代著名礼学家乾隆钦命博学鸿儒王士让告假回乡访亲会友时，在南岩山麓发现此茶，后来王士让奉召赴京师拜谒礼部侍郎方苞，随身携带茶叶相赠。方苞品尝后，认为是茶中珍品，于是转献给乾隆，乾隆召见王士让询问茶的来处，听说了茶的来源后，乾隆细细观察茶叶形态，因其外形似观音脸重如铁，故赐名为"铁观音"。其实，"铁观音"既是茶名，也是茶树品种名，因其品质优异，香味独特，所以各地相互仿制，先后传遍闽南、闽北、广东、台湾等乌龙茶区。

现代铁观音因其悠久的历史、优异的品质而广受茶叶市场欢迎。1982年，在全国名茶评比会上被评为"全国名茶"，之后安溪茶厂出品的特级铁观音连续20多年保持国家金质奖章的荣誉；1986年，在法国巴黎获"国际美食旅游协会金桂奖"，被评为世界十大名茶之一；1995年，安溪县被农业部命名为"中国乌龙茶（铁观音）之乡"；2004年，安溪铁观音被国家列入"原产地域保护产品"；2006年"安溪铁观音"商标被国家工商总局授予"中国驰名商标"称号，这是全国茶业第一个中国驰名商标，也是世界最喜爱的中国品牌之一；2009年，在上海举办的"中国世博十大名茶"评比上，安溪铁观音获得第一；2010年，安溪铁观音正式进驻世博会，成为世博会茶叶第一品牌。

产地特征：铁观音原产于福建安溪县西坪，"内安溪"为亚热带季风气候，这里"四季有花常见雨，严冬无雪有雷声"，自然条件得天独厚，群山环抱，土质大都是红壤，呈弱酸性，非常适宜于茶树的生长，所产茶叶品质优良。安溪铁观音是国家农产品地理标志产品、国家地理标志保护产品。

品质特点：铁观音茶清香雅韵，冲泡后有天然的兰花香，滋味纯浓，香气馥郁持久。铁观音含有较高的氨基酸、维生素、矿物质、茶多酚和生物碱，还有多种营养和药效成分，具有养生保健的功能。

品鉴方法：鉴别铁观音可以通过"干看外形"和"湿评内质

（冲水开泡）"这两个程序来实现。首先观看外形，主要是观察铁观音的外形、色泽、匀净度和闻干茶的香气。品质好的铁观音一般外形肥壮、重实、色泽砂绿，干茶香气清纯，反之为品质次的茶。其次是湿评品质，主要通过对冲泡后茶汤的香气、汤色、滋味和叶底进行品鉴。冲泡后，先嗅香气是否突出，再辨别香气高低、长短、强弱、纯浊。嗅香时可采用热嗅、温嗅、冷嗅相结合的方法。品质高的铁观音香气突出，香气清高，馥郁悠长，反之为品质低的茶。再尝滋味是否醇厚鲜爽，将适量茶汤送入口中，通过舌头在口腔中作吮吸打转滚动，使口腔各部位的味细胞作出综合的滋味感应。品质高的铁观音滋味醇而带爽，厚而不涩，反之为次品。然后再看茶汤颜色的深浅、明暗、清浊等。凡汤色橙黄明亮的（简称绿豆汤）为上品，暗浊的为次品。最后看叶底，经沸水冲泡过的茶叶（称为"叶底"，俗称"茶渣"），倒入盛有清水的盘中，观察叶底。凡叶底柔软、"青蒂绿腹"明显的均为上品，反之为次品。

独特功效：与其他乌龙茶一样，铁观音具有减肥瘦身、化解食物中的油腻、养精神、降脂、抗癌、防癌等独特功效。

存储条件：一般都要求低温和密封真空保存，这样在较长的时间内保证铁观音的色香味不受影响。采用真空压缩包装法，并附有外罐包装可达到最佳效果。但铁观音不可以永久保存，即使一直放在冰箱里-5℃保鲜，最多也不要超过一年，以半年内喝完为佳。

10. 六安瓜片

历史文化：六安瓜片为绿茶特种茶类，具有悠久的历史底蕴和丰厚的文化内涵。明朝茶学家许次纾在其茶叶名著《茶疏》开卷第一段记载："天下名山，必产灵草，江南地暖，故独宜茶，大江以北，则称六安。"六安自古就产名茶。又据六安史志记载和清代乾隆年间诗人袁枚所著《随园食单》所列名品，以及民间传说，六安瓜片是于清代中叶从六安茶中的"齐山云雾"演变而来，原产地在齐头山周围山区。关于六安瓜片的历史渊源，有两种说法，第一种说法是，在1905年前后，六安一茶行评茶师，从收购的绿大茶中拣取嫩叶，剔除梗朴，作为新产品应市，获得成功。后来，当地另一家茶行，在齐头山的后冲，把采回的鲜叶剔除梗芽，并将嫩叶、老叶分开炒制，结果成茶的色、香、味、形均使"峰翅"相形见绌。于是附近茶农竞相学习，纷纷仿制。这种片状茶叶形似葵花籽，遂称"瓜子片"，以后即叫成了"瓜片"。第二种说法是，麻埠附近的祝家楼财为取悦于袁世凯，在1905年前后，不惜工本，在后冲雇用当地有经验的茶工，专拣春茶的第1~2片嫩叶，用小帚精心炒制，炭火烘焙，所制新茶形质俱丽，获得袁世凯的赞赏。后来，瓜片脱颖而出，色、香、味、形别具一格，故日益博得饮品者的喜爱，逐渐发展成为全国名茶。六安瓜片在清代被列为贡品，在江淮之间、长江中下游一带及京津地区非常畅销，并因其独特的制作工艺及在色、香、味、形等方面别具一格，深受海外市场欢迎，曾远销东南亚、欧、美市场。

1999年，六安瓜片被农业部茶叶质检中心测评为国际茶叶界质量最高等级"国际先进水平"；同年获"99中国国际农业博览会金奖"，同时被评为国家"名牌产品"；2008年，获得国家质检总局地理标志产品认证，被列入国家非物质文化遗产目录；2019年，入选中国农产品百强标志性品牌、中国农业品牌目录；2020年，被纳入中欧地理标志首批保护清单。

产地特征：六安瓜片是国家地理标志保护产品。主产地是原金寨县、霍山两县之毗邻山区和裕安区两地的大别山北麓，分内山瓜片和外山瓜片两个产区。内山瓜片产地主要包括，金寨县的齐山村（黄石冲）、响洪甸镇、鲜花岭街道、龚店村；裕安区的独山镇双峰村、龙门冲村、石婆店镇三岔村、沙家湾村；霍山县的诸佛庵镇一带。外山瓜片产地主要包括，六安市裕安区的石板冲、石婆店街道半径5公里范围、狮子岗、骆家庵一带。产区内海拔100~300米，气候温和，常年平均气温15℃；光照好，光能资源丰富；茶产区平均年降水量在1200~1400毫米，土地湿润；土壤类型较为复杂，不同茶区的土壤肥力不一，内山区及少部分沿河两岸和谷地，土壤深厚，高达1.5米以上，有机质含量高，土壤肥力和通透性好，一般为高产茶园区，外山区以黄棕壤为主，土层虽厚，但耕作层浅薄，质地黏重，底层常有不透水粘土层，肥力和通透性较差。

品质特点：六安瓜片是世界上所有茶叶中唯一不含芽尖、茶梗的茶叶，由单片外形似瓜子形生叶制成，自然平展，叶缘微翘，色泽宝绿，大小匀整。六安瓜片每逢谷雨前后十天之内采摘，采摘时取二、三叶，求"壮"不求"嫩"。根据采制季节，可分成三个品种，即提片、瓜片和梅片。谷雨前提采的称"提片"，品质最优；其后采制的大宗产品称"瓜片"；进入梅雨季节后采制的称为"梅片"，茶叶稍微粗老，品质一般。优质六安瓜片冲泡后清香高爽，滋味鲜醇回甘，汤色清澈透亮，叶底绿嫩明亮。在制作过程中，去芽不仅保持了单片形体，而且可以去除青草味，同时，剔除茶梗后，茶味浓而不苦，香而不涩。齐山瓜片分1~3等，内山瓜片和外山瓜片各分4级8等。

品鉴方法：一看颜色，好的六安瓜片由于烘焙十分到位，颜色呈现出铁青色，且叶片嫩、色泽一致。二闻香味，品质好的六安瓜片有炒板栗的香味。但如果有青草味则说明炒制时的火候不够。三嚼茶味，品质高的六安瓜片放置口中细嚼，一般可体味到开始苦后来甜，或者苦中带甜滋味，并且嚼完之后口中还会留有清爽的味道。

独特功效：六安瓜片属于绿茶，对预防和抑制癌症、心血管疾病的保健治疗、减肥和清理肠道脂肪、清热除燥、去除疲劳、排毒养颜、抗衰老、抗菌等有很好的促进作用。此外，六安瓜片含有氟，其中的儿茶素可以抑制生龋菌，减少牙菌斑及牙周炎的发生。茶所含的单宁酸，具有杀菌作用，能阻止食物渣屑繁殖细菌，故可以有效防止口臭。

存储条件：需按照绿茶储存的要求将六安瓜片储存于密封的铝箔袋、铁罐或锡罐内，放置在阴凉、干燥、避光、通风处，储存时间不宜过长，一般绿茶的保质期为12个月，储存需超过2个月以上的，最好将其放置在气温为10℃以下，相对湿度为50%以下的地方保存。

二、外国名茶

茶是世界三大无酒精饮品之一，世界上喜爱品茗的人众多，有100多个国家和地区的居民都爱茶，据统计，世界上总饮茶人口已超过20亿。此外，世界上种植茶叶的国家也众多，遍布全球，且全球产茶国和地区所产茶叶各具特色。

外国茶主要有三大类：第一类是东亚茶，如日本的抹茶、蒸青绿，韩国的大麦茶等；第二类是印度、斯里兰卡、肯尼亚的红茶；第三类是欧洲茶，主要有袋泡茶和花果茶，其中名茶代表有英国红茶、斯里兰卡红茶、印度红茶等。

（一）日本抹茶

1.历史文化

抹茶，又作末茶，是采用天然石磨碾磨成微粉状的蒸青绿茶，起源于中国魏晋时期，盛行于唐宋。在9世纪时，抹茶跟随佛教从中国传入日本，并在日本得以传承及发展。由于其制茶方式不同，泡制茶叶的手续比较复杂，日本逐渐演化出一整套仪式，形成日本茶道的各个流派。

2.制作工艺

制作抹茶通常是要采用覆盖茶树的鲜叶，经蒸汽（或热风）杀青后，干燥制成干燥茶叶片，最后将干燥茶叶片研磨制成微粉状茶产品。在制作过程中，覆盖和蒸青环节非常重要。覆盖是为了限制茶叶中多酚类物质增加，同时还能明显提高叶绿素和氨基酸含量，显著减少粗纤维含量等。经此工艺制作的茶，其苦涩味也得以减轻，茶的鲜味和色度也能得到显著提高。

3.品质特性

抹茶是由未经发酵的茶叶制成，最大限度地保持了茶叶的天然绿色、营养以及药理有效成分，加上其独特的冲泡和食用方式，使得抹茶较一般绿茶具有更高的营养价值。制作高端抹茶粉的茶区一般主要分布在全球高纬度地区，这些地区因昼夜温差大，更有利于茶绿素、茶氨酸内含物质的积累，抹茶茶叶色泽更鲜绿。

抹茶无添加剂、无防腐剂、无人工色素，除直接冲饮外，作为一种营养强化剂和天然色素添加剂，被广泛用于食品、保健品和化妆品等诸多行业，并且衍生出了品种繁多的抹茶食品及化妆用品。抹茶类食品有抹茶月饼、抹茶饼干、抹茶瓜子、抹茶冰淇淋、抹茶面条、抹茶巧克力、抹茶蛋糕、抹茶面包、抹茶果冻、抹茶糖果等。饮料类有抹茶罐装饮料、抹茶固体饮料、抹茶牛奶、抹茶酸奶等。化妆品类有抹茶面膜、抹茶粉饼、抹茶肥皂、抹茶香波等。

4. 产销情况

全球抹茶生产主要集中于日本和中国，尤其在日本，抹茶产业已发展得非常庞大。日本抹茶主要产于爱知县西尾、京都宇治、福冈八女和静冈县四个地区，其中，宇治抹茶知名度最高。

日本制茶机械非常先进，早在20世纪20年代就有简单的精揉机用于茶叶加工，茶叶加工基本上由高度自动化的蒸青生产线来完成。先进制茶机械的使用使得抹茶产量增大，而且产品质量较为稳定。

由于茶饮料备受市场喜爱，日本的茶叶行情也曾一度被看好。然而近年来一些绿茶加工厂和茶商盲目加大生产，导致库存量多，茶市场却不容乐观。此外，日本本地的茶叶生产还不能满足国内的茶叶消费需要，因此需要进口大量茶叶。其中，绿茶进口的95%来自中国，其余部分则来自越南等其他国家和地区。乌龙茶的进口则完全依靠中国供给，红茶则主要来自印度、斯里兰卡等国家。

5. 品鉴方法

主要包括抹茶粉和抹茶汤鉴评两部分。

抹茶粉鉴别方面，抹茶粉的品质高低是制作优质抹茶的关键，判断其品质高低一般由四个指标决定。第一，看颜色，纯天然抹茶粉，色泽越绿，档次越高，黄绿的档次越低。第二，看细度，抹茶粉研磨越细越好。第三，闻香气，品质越高的抹茶粉，香气越清香，高雅，无杂味。第四，尝滋味，品质越高的抹茶，滋味越鲜爽。

此外，抹茶粉与普通绿茶粉经常会被混淆，需注意两者的区别：第一，制作原料要求不同。抹茶粉对原料的质量要求较高，要求采用氨基酸、蛋白质和叶绿素含量高的茶叶，同时要求原料中咖啡因的含量较低。在采摘之前，对鲜茶叶的采摘时间、叶片大小都有要求。抹茶的生产时间较短，只有50天左右，用4月和5月出产的优质鲜茶叶做原料，生产出来的抹茶粉的质量最好。加工抹茶粉所用茶叶的树种也有讲究，这种茶树以无性系繁殖技术培育而成，保证了茶树品种的纯正性。另外，为保证鲜叶的质量，在栽种过程中，工作人员还需对茶树进行遮阳防暑，以这种方式生产的茶叶称为覆下茶。抹茶粉就是以覆下茶为原料加工而成的。在日本，因为用天然石磨碾磨的加工成本太高，所以一般不会用品质差的茶叶来生产抹茶粉。普通的蒸青茶，甚至简易覆盖的蒸青茶，用来做绿茶粉，日本称其为粉末绿茶。第二，研磨使用的工具及工艺不同。抹茶粉的生产用天然石磨碾磨，绿茶粉用金属粉碎机粉碎。抹茶粉几乎同时拥有所有蔬菜的营养成分，不但可以直接用来饮用，同时还可以做成各种抹茶食品。

抹茶汤鉴别方面，一般是先在茶碗中放入少量抹茶，加入少量温水，然后使用茶筅搅拌均匀。按照"浓""薄"不一的标准，投入茶粉的量也有区别。"浓茶"一般60毫升水投4克抹茶较为合适；"薄茶"一般60毫升水只需投2克抹茶粉即可。抹茶粉投入后先搅拌均匀，再用茶筅快速刷出浓厚的泡沫，这样制作出来的茶汤既美观又爽口。

（二）斯里兰卡锡兰高地红茶

1. 历史文化

斯里兰卡是印度洋中部的重要红茶产地，其所产的锡兰（锡兰，原意为茶叶，是斯里兰卡的旧称）高地红茶是世界红茶市场的佼佼者，是斯里兰卡重要的外汇支柱。1824年，为了摆脱对中国茶叶的依赖，英国人开始将中国茶叶树种引入其殖民地斯里兰卡，在康提附近的佩拉德尼亚植物园开始播种，这是斯里兰卡高地红茶开始生产的元年。后来，斯里兰卡又从印度阿萨姆邦引入了新茶种，1867年后开始大规模开山种茶，所产均用于制造红茶。红茶在斯里兰卡人生活当中占据着重要地位，除一日三餐后要饮茶外，斯里兰卡人上下午都有饮茶的时间，他们一日5次，终年不变地啜饮红茶。

2. 制作工艺

斯里兰卡锡兰高地红茶有93%属于传统型红茶，其加工是按照鲜叶处理—萎凋—揉捻—发酵—烘干—精制的流程进行处理。因其制作红茶的工艺先进、设备优良，且在鲜叶选择上，标准通常为一芽二三叶及同等嫩度的对夹叶，偶尔夹带少量一芽四叶，因此茶叶品质好，竞争力强。

3. 品质特性

斯里兰卡属于热带季风气候，常年温暖潮湿，且土壤肥沃，地理和气候条件优良。几百年来，斯里兰卡的茶叶种植无需使用任何化肥和农药，因此所产锡兰高地红茶品质高，被誉为世界上最干净的红茶。它曾获世界上第一个ISO茶叶技术奖，深受各国消费者推崇，也被称为"献给世界的礼物"。锡兰高地红茶与中国安徽祁门红茶、印度阿萨姆红茶、大吉岭红茶并称世界四大红茶。

按海拔不同，斯里兰卡将茶叶分为低地茶、中地茶和高地茶三类。因海拔不同，其气温、湿度也各不相同，因此各茶园产出的红茶均有不同特色。低地茶的干茶外观呈乌黑色，泡后茶汤香气和口感都较为浓厚，有奶香、蔗糖和焦糖的独特香气与韵味，低地红茶一般适合冲泡奶茶。高地茶的茶汤橙红明亮，汤面环有金黄光圈，喝起来口感细腻，透出如薄荷、铃兰的芳香，回味甘甜，适合直接饮用。中地茶的茶汤色橙红深棕，口味丰厚浓郁，带有东方美人甜味的花香，中地茶既适合直接饮用又适合冲泡奶茶。

4. 产销情况

斯里兰卡茶叶产业已有130多年的历史，其国内每年消费茶叶2万吨左右，锡兰高地红茶更是世界红茶市场的佼佼者，处于世界茶叶出口市场的主导地位。俄罗斯及其周边国家是斯里兰卡茶叶出口的最大市场，占出口总量的近两成。

5. 品鉴方法

品鉴锡兰高地红茶需要从多个方面入手，包括了解其基本信息、观察茶叶外观、品鉴茶香、观察茶汤色泽、品尝口感、观察叶底以及了解产地与采摘标准等。通过细心的品鉴和了解，可以辨别出锡兰高地红茶品质的高低。

第一，了解锡兰高地红茶的基本信息。锡兰高地红茶按生长的高度不同分为三类，即高地茶、中地茶和低地茶。其中，高地茶生长在1200米以上的区域，这些地方的茶叶不仅口感独特，而且香气迷人。斯里兰卡每年生产约25万吨茶叶，茶的种植基地仅限于岛国的中央高地和南部低地。

第二，观察茶叶外观。高品质的锡兰高地红茶通常呈现细长、均匀的条索状，颜色为深棕或黑褐色，表面光滑有光泽。茶叶应该是干燥且不含杂质，没有黄叶或者破损的叶片。色泽方面，茶叶颜色均匀，整体呈现一致的深红色或黑褐色，表明茶叶发酵程度适中，品质上乘。

第三，品鉴茶香。优质的锡兰高地红茶具有独特的香气，通常是清新的柑橘香和花香味，有时还会有一丝薄荷的清凉感。此外，优质的锡兰高地红茶香气应该是自然、持久而不腻人，能够长时间保持，不会迅速消散。

第四，观察茶汤色泽。冲泡后的茶汤应该是明亮的红色或橙红色，清澈透明，没有浑浊感。颜色的深浅可以反映茶叶的发酵程度和品质。茶汤应该清澈透明，没有杂质或沉淀物，表明茶叶处理得当，品质优良。

第五，品尝口感和滋味。高品质的锡兰高地红茶口感醇厚，有着明显的甜味和果味，回味悠长。其口感平衡，既有力量又有细腻，不会有苦涩或刺激的感觉。高品质锡兰高地红茶口感丰富，层次感强。品尝时，可以感受到茶叶带来的多种味道和口感变化，如甜、酸、苦、涩等，这些味道相互交织，形成独特的层次感。

第六，观察叶底。冲泡后的高品质锡兰高地红茶叶底（即已经泡开的茶叶）应该是完整的叶片，颜色鲜亮，表明茶叶是新鲜且处理得当的。叶底的颜色、大小和形状也能反映出茶叶的生长环境和采摘标准。一般来说，高品质的锡兰高地红茶叶底颜色鲜亮，形状完整，大小均匀。

第七，了解产地与采摘标准。锡兰高地红茶的品质还与其产地有关。斯里兰卡的几个著名茶区，如努瓦拉埃利耶、乌达波勒高地区，都是出产优质红茶的地方。采摘标准方面，优质的锡兰高地红茶通常是手工采摘，采用一芽一叶或一芽两叶的标准。这样的采摘方式可以保证茶叶的嫩度和一致性。

第八，冲泡方法与品鉴技巧。需选择适宜的泡茶器具（如瓷壶或玻璃杯），将适量茶叶放入茶具中，用95~100℃的开水冲泡3~5分钟。冲泡过程中要留意控制水量和冲泡时间，以免影响茶叶的品质。在品鉴过程中，可以通过闻香、观色、品味等步骤来全面评估锡兰高地红茶的品质。同时，也可以根据个人口味和喜好来调整冲泡方法和品鉴方式。

此外，锡兰高地红茶根据茶叶细碎程度也会进行分级。品鉴其质量高低也可以依据其等级高低来进行较为简单的判断。

OP（Orange Pekoe）：通常指的是叶片较长而完整的茶叶。橙黄白毫，等级较高的茶叶，人工手采嫩芽，由柔软细嫩的叶片和芽头制成，叶片完整。

BP（Broken Pekoe）：白毫碎叶。

BPS（Broken Pekoe Souchong）：小种碎叶。

BOP（Broken Orange Pekoe）：指较细碎的OP茶叶，滋味较浓重，一般适合用来冲泡奶茶。

FOP（Flowery Orange Pekoe）：含有较多芽叶的红茶。

TGFOP（Tippy Golden Flowery Orange Pekoe）：含有较多金黄芽叶的红茶，滋味香气也更清芬悠扬。

FTGFOP（Fine Tippy Golden Flowery Orange Pekoe）：经过精细地揉捻精制而成的高品质茶叶。

CTC（Crush Tear Curl）：在经过萎凋、揉捻后，利用特殊的机器将茶叶碾碎（Crush）、撕裂（Tear）、卷（Curl），制成极小的颗粒状，方便在极短的时间内冲泡出茶汁，所以常常用作制造茶包用。

（三）印度大吉岭红茶

1. 历史文化

大吉岭红茶被誉为世界名茶之一，生长在喜马拉雅山南端，印度西部地区大吉岭镇，其前身是中国福建武夷山的正山小种红

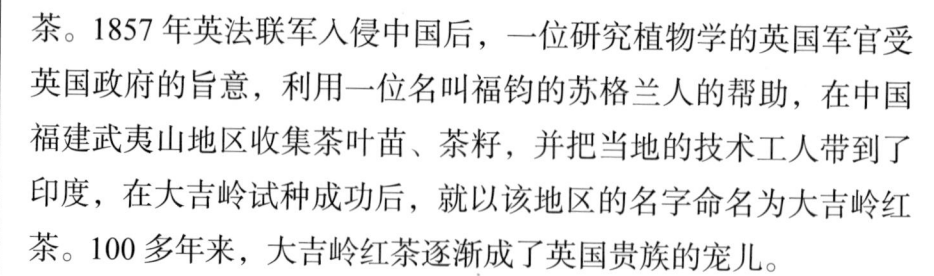

茶。1857年英法联军入侵中国后，一位研究植物学的英国军官受英国政府的旨意，利用一位名叫福钧的苏格兰人的帮助，在中国福建武夷山地区收集茶叶苗、茶籽，并把当地的技术工人带到了印度，在大吉岭试种成功后，就以该地区的名字命名为大吉岭红茶。100多年来，大吉岭红茶逐渐成了英国贵族的宠儿。

2. 制作工艺

印度大吉岭茶属于全发酵茶，其制作工艺与红茶类似，主要步骤为：

采摘：选择春季或秋季的嫩叶，此时的茶叶品质最佳。

萎凋：将茶叶放置在空气中，使其自然脱水，以减少茶叶中的水分含量。

揉捻：将茶叶揉成条状，使其易于发酵和干燥。

发酵：将茶叶放在特制的陶罐中，置于一定温度和湿度的环境下，使其发生氧化反应，形成茶黄素、茶红素等深色物质。

干燥：将发酵后的茶叶晾晒或烘干，使其水分含量降至一定水平。

筛选：将茶叶筛选出不同等级，大吉岭茶属于其中最高等级的茶。

包装：将筛选好的茶叶进行包装，以保持其品质和卫生。

印度大吉岭茶发酵程度较轻，因此其口感更加清新爽口，有淡淡的麦芽香味。同时，大吉岭茶也具有养胃护胃的功效，适量饮用有益健康。

3. 品质特性

大吉岭红茶属于小叶种茶树，茶叶外形条索较长，颜色偏黑，白毫显露。因其生长于海拔700~2000多米的高原地带，地势坡陡，气候凉爽，环境无污染，所以大吉岭红茶的品质与众不同。

茶汤香高味浓，鲜爽，具有独特的幽雅香气，有些带有花香或果香，但也有一些带有烟熏味或泥土味，上品尤其带有葡萄香，且香气比较持久，滋味甘甜柔和，被誉为"茶中香槟"。大吉岭红茶的汤色较为红亮，有些带有一些黄色或橙色，但也有一些较为深暗。大吉岭红茶的叶底较为细嫩，有些带有一些红色或黄色的斑点，但也有一些较为均匀。

总的来说，大吉岭红茶的品质特性较为独特，带有浓郁的香气和口感，同时也具有一定的涩味和苦味。在品尝时需要注意其泡茶技巧和茶叶质量。

4. 产销情况

在印度，茶叶生产和销售受到政府高度重视和控制，茶叶商标得到了很好的保护。政府把印度的三大类茶——大吉岭、阿萨姆、尼尔吉里红茶作为国家茶叶商标在国际上注册，各类茶分别都有自己独特的标志，并在世界范围内流通。凡种植经营这三种茶叶的企业都要向国家申请备案，只有获得了资格许可证才能上市、出口。

大吉岭红茶的产量较低，在印度茶叶总量中只占2%左右，依海拔分布83个茶园。茶叶分四季采摘，3—4月为初摘茶，5—6月为次摘茶，7—8月是雨季茶，9—10月为秋季茶。和中国的明前茶一样，印度大吉岭的初摘茶也被视为珍品。次摘茶香气好、滋味更显著。这两种茶都很受消费者的青睐。在每年的国际茶叶展会上，印度大吉岭通常会将近百个茶园的样品带到展销会上，消费者可以点着茶园的名字选购自己喜欢的茶叶。

5. 品鉴方法

大吉岭红茶是世界三大高香红茶，因其独特的幽雅香气被誉为"红茶中的香槟"。大吉岭红茶汤色橙黄璀璨（似带金圈），有麝香葡萄浓香，滋味纯净浓郁回甘。品鉴大吉岭红茶质量的高低可以从以下几个方面来进行：

第一，要了解产地情况。印度东北方与尼泊尔交界的大吉岭地区地势陡峻，云雾缭绕，为茶叶的生长提供了得天独厚的条件。该地区所产的大吉岭红茶因其独特的口感和香气而备受世界茶迷的喜爱。

第二，观察茶叶形态。优质的大吉岭红茶茶叶条索紧结，色泽乌黑油润。芽头呈金黄色，是上等好大吉岭红茶的标志。

第三，品鉴茶香与口感。大吉岭红茶的香气温和清雅，果香四溢，类似水果、花香和蜜糖的混合体，令人愉悦和舒适。优质的大吉岭红茶香气浓郁且持久，层次丰富。在口感方面，大吉岭红茶的口感醇厚，入口柔和清爽，甜润感好，回味悠长。茶汤清透金黄，如同香槟般美好。咽下后，茶在口腔中留下持久的回味。

第四，观察茶汤颜色。优质的大吉岭红茶茶汤红润明亮，有的茶叶在白瓷杯或玻璃杯中还会显露金色的黄晕。

第五，掌握恰当的冲泡方法。在泡茶茶具的选择方面，紫砂壶、瓷器或玻璃器具都可以，但以紫砂壶为最佳。在备水时，最好选用纯净水或山泉水，水温控制在95℃左右。投茶时，依照个人口味，适量投放茶叶。一般而言，每100毫升水投放5克茶叶左右茶汤口感最好。冲泡时，将水注入茶具，用茶匙轻轻搅拌，使茶叶充分浸泡。

第六，掌握一定的品鉴技巧。在冲泡前，可以先闻茶叶的干香，感受其独特的香气。冲泡后，再闻茶汤的香气，体会香气的变化和层次感。冲泡过程中，注意观察茶汤的颜色，判断其是否红润明亮，有无金色黄晕等特征。品尝茶汤的口感，感受其醇厚程度、甜润感和回味等。在品尝过程中，要留意茶在口腔中的变化，感受茶香、茶味的层次感。

（四）英国伯爵红茶

1. 历史文化

伯爵红茶的历史可以追溯到 1830 年左右。据传，当时格雷伯爵二世查尔斯伯爵（后来的英国首相）在任首相期间，曾派了一位外交使节前往中国，这位使节在旅途中偶然救了一位中国清代官员的性命，为了感谢其救命之恩，这位官员就把一种神秘的茶叶配方赠予了他。此茶叶配方以红茶为基础，加入了佛手柑油等成分，调制出了一款具有独特柑橘香气的混合茶。这款茶口感清新，香气迷人，是英国茶中的佼佼者。后来，伯爵红茶因其独特的风味和优雅的香气，逐渐成为英国贵族和上流社会的饮品，并流传至今。如今，伯爵红茶已成为英国下午茶文化中的重要组成部分，深受全球消费者的喜爱。

2. 制作工艺

伯爵红茶的制作工艺非常讲究，需要精心挑选优质的原材料，并严格遵循传统工艺进行加工。

茶叶选择：伯爵红茶的茶叶通常选用中国红茶作为基础，同时混合尼泊尔、印度等地的大理石叶子。这些茶叶在春季开花时新鲜采摘，保证了茶叶的品质和口感。

加工过程：采摘后的茶叶需要经过清洗、晾干和分批焙烤等工序，以确保茶叶的干燥度和香气。在加工过程中，还会加入佛手柑油等成分，使茶叶具有独特的香气和口感。

包装：最后，伯爵红茶经过细腻的手工包装，以确保茶叶的完整性和新鲜度。

3. 品质特性

优质的伯爵红茶具有独特的品质特性，使其成为英国茶文化中的瑰宝。

香气：伯爵红茶香气浓郁迷人，融合了红茶的醇厚和佛手柑的清新香气，让人一闻难忘。

口感：伯爵红茶口感醇厚、滑顺，入口后能感受到茶叶的丰富层次和佛手柑的酸甜口感，非常耐人寻味。

色泽：伯爵红茶的色泽明亮透彻，呈现出琥珀般的美丽色泽，让人赏心悦目。

4. 产销情况

伯爵红茶作为英国茶文化的重要代表，其产销情况一直非常稳定。在全球市场上，伯爵红茶拥有广泛的消费者群体，它不仅在英国本土市场畅销，还远销全球多个国家和地区，特别是在英国、美国、澳大利亚等西方国家。伯爵红茶的销量一直居高不下，是英国茶文化的重要输出品之一。

5. 品鉴方法

在品鉴伯爵红茶时，需要掌握一定的方法和技巧才能更好地感受其魅力所在。以下是一些品鉴伯爵红茶的建议：

第一，观察伯爵红茶的色泽。优质的伯爵红茶应该呈现出明亮透彻的琥珀色泽。

第二，闻香品味。伯爵红茶的香气，有浓郁迷人的花果香气。其茶汤醇厚滑顺，口感和层次丰富。

第三，掌握冲泡技巧。冲泡伯爵红茶时需要注意水温、冲泡时间和茶叶用量等因素。一般来说，水温控制在90℃左右为宜，冲泡时间控制在3~5分钟，茶叶用量则根据个人口味和茶具大小进行调整。

第四，选择合适的环境。品鉴伯爵红茶时最好选择一个安静、舒适的环境，以便更好地感受其香气和口感。同时，可以搭配一些精美的茶具和点心，增加品鉴的乐趣和仪式感。

（五）马来西亚拉茶

1. 历史文化

拉茶是马来西亚人民独创的奶茶饮品，也称作"飞茶"。它起源于移民至马来西亚的印度人，后逐渐演变成马来西亚的特色饮品。拉茶在马来西亚人民的生活中占据着重要地位，不仅是日常饮品的首选，更是社交和文化交流的重要载体。马来西亚拉茶融合了当地的茶文化、印度的文化以及多元种族的文化特色，成为马来西亚茶文化的重要代表之一。

2. 制作工艺

马来西亚拉茶的制作工艺独特，需要经过多个步骤精心制作。

原料准备：选用优质的马来西亚红茶作为原料，搭配荷兰出品的黑白奶以及少许肉桂粉等调料，以提升茶味香浓和香料的甜香。

泡茶滤渣：将红茶泡好后，滤出茶渣，保留浓郁的茶汤。

混合炼乳：将茶汤与炼乳混合均匀，倒入带柄的不锈钢罐内。

反复拉制：这是拉茶制作的关键步骤。茶艺师将盛有茶汤的罐子与空罐之间反复倾倒，距离通常约为1米，且两手持罐的距离由近到远，形成"拉"的动作。这个动作需要反复交替进行至少7次，使茶汤和炼乳充分混合，牛乳颗粒因受到反复倒拉、撞击而破碎，形成乳化状态。

3. 品质特性

马来西亚拉茶以其独特的品质特性而广受好评。

香气浓郁：拉茶经过反复拉制后，茶香与奶香充分融合，形成浓郁迷人的香气。

口感滑顺：由于牛乳颗粒的乳化作用，拉茶的口感更加滑顺细腻，入口即化。

泡沫丰富：拉茶在拉制过程中会产生大量细腻的泡沫，这些泡沫混合了空气与充分溶解的奶和茶，使拉茶看起来更加诱人。

4. 产销情况

马来西亚拉茶在当地的产销情况非常乐观。

生产情况：马来西亚是亚洲主要的茶叶生产国之一，其地理环境优越，气候适宜，为茶叶的生长提供了得天独厚的条件。因此，马来西亚拉茶的原料品质上乘，为生产高品质的拉茶提供了保障。同时，马来西亚的茶叶企业注重技术创新和品质提升，不断推出新的拉茶口味和品种，以满足消费者的多样化需求。

销售情况：马来西亚拉茶在当地非常受欢迎，无论是在大都市的豪华宾馆酒肆，还是在偏远集镇的大街小巷，都能喝到味道鲜美的拉茶。此外，马来西亚拉茶还远销海外，成为马来西亚茶文化的重要输出品之一。

5. 品鉴方法

品鉴马来西亚拉茶也有一定的方法和技巧。

观察色泽：优质的马来西亚拉茶应该呈现出明亮透彻的琥珀色泽，色泽均匀且富有光泽。

闻香品味：将拉茶靠近鼻子轻嗅，可以感受到浓郁的茶香和奶香混合的香气。品尝时，可以感受到拉茶的滑顺口感和丰富的层次，既有红茶的醇厚，又有炼乳的香甜。

注意温度：品鉴马来西亚拉茶时需要注意温度，过热或过冷的拉茶都会影响其口感和风味。最好将拉茶冷却至适宜饮用的温度后再品尝，以充分感受其独特魅力。

（六）南美洲的马黛茶

1. 历史文化

南美洲的印第安人，尤其是瓜拉尼人，很可能在史前时期就发现了马黛茶树叶子的药用价值，并将其当作草药使用。他们对马黛茶树的称呼是"ka'a"，意为"草药"。因其可以当作草药使用，故南美人称其为"仙草"，认为是"上帝赐予的神秘礼物"，其含有多达196种活性营养物质，是世界上最有营养价值的植物之一。

16世纪初，西班牙人征服南美洲之前，瓜拉尼人就已经开始饮用马黛茶，并将其传播到了居住在巴西南部和巴拉圭的图皮人。17世纪中叶，耶稣会传教士发现了马黛茶的商业潜力，并在1650—1670年成功地实现了马黛茶树的人工种植。因此，马黛茶也被称为"耶稣会茶"或"巴拉圭茶"。1767年，西班牙皇家法令将耶稣会传教士驱逐出南美洲，导致马黛茶树种植园陷入衰退。然而，随着马黛茶市场的扩展，其影响力逐渐增强。19世纪下半叶，一些叙利亚和黎巴嫩人移民到阿根廷，马黛茶也因此传入了叙利亚和黎巴嫩。

如今，饮用马黛茶已经演化成为很多南美人的日常仪式，是仅次于白水的第二大饮料。在文学、歌曲、电影、卡通片、绘画和广告中，都有马黛茶的身影，它已被深深地烙印在南美文化中。

2. 制作工艺

马黛茶是由巴拉圭冬青的叶子和根茎制作而成，其树种被选出来后，会先在育苗室生长约6个月，直到足够强壮后再移植到田野种植。

采摘与处理：当马黛茶树长到4岁以后，就可以进行第一次采摘，之后还可以持续采收15~20年。采摘工作通常在每年的4—9月进行，全部工序均采用人工完成。采集的马黛茶连同叶子和枝茎会放入专用的帆布容器内，用货车运往生产马黛茶的合作社或大型厂家的工厂。

干燥与切碎：在工厂中，马黛茶会经过干燥和切碎处理。首先，使用巨大的干燥鼓以约500℃的高温进行烤干，这个过程称为杀青，目的是停止茶叶的氧化与发酵。然后，茶叶会送入100℃的环境中干燥数小时到一天左右，过程会使用烟熏或纯粹加热，这会影响茶叶的风味。最后，进行第一次的切碎，切完的马黛茶叶子就称为切割马黛茶。

熟成与储存：切碎的马黛茶会储存进大型的仓库内，进行熟成处理。成熟过程通常需要花上12个月或以上的时间，这是决定马黛茶风味与口感的关键步骤。

分拣与包装：制作无梗马黛茶时，还需要多一道工序，即将重量稍重的梗茎通过分拣机器分割开叶片和根茎。最后，马黛茶会经过精心包装，以供消费者购买和饮用。

3. 品质特性

外观：马黛茶经过磨碎处理，形成粉末状或颗粒状。这是为了适应南美洲人独特的喝茶方式，他们通常会用带有滤嘴的吸管配上马黛茶葫芦来喝。

口感：马黛茶具有浓厚的草本香气，入口时能感受到一股醇厚的茶香，令人陶醉。其味道微苦，但苦味过后会留下一种甜的回味，让人回味无穷。

营养价值：马黛茶富含抗氧化物质，有助于抵抗自由基，延缓衰老。它还含有适量的咖啡因，适量饮用能够提神醒脑，提高工作效率。此外，马黛茶具有促进消化、缓解便秘的作用，特别适合饭后饮用。同时，它还富含多种营养成分，有助于增强免疫力，预防疾病。

4. 产销情况

生产情况：阿根廷和巴西是马黛茶的主要生产国。这两个国家拥有适宜马黛茶生长的自然环境和丰富的种植经验。随着人工种植技术的恢复和发展，马黛茶的生产规模逐渐扩大，产量稳步增长。

销售情况：马黛茶在南美洲市场非常受欢迎，是当地人民日常饮品的首选之一。同时，马黛茶也远销海外，受到越来越多消费者的喜爱和追捧。据巴拉圭官方数据，该国马黛茶的主要出口市场包括西班牙、玻利维亚、以色列和中国台湾等国家和地区。

5. 品鉴方法

观察外观：优质的马黛茶应该呈现出墨绿色泽，叶片规整且粉末少、杂质少。

冲泡方法：冲泡时需要注意水温的控制和冲泡时间的把握，以充分释放茶叶的香气和味道。

闻香品味：将马黛茶靠近鼻子轻嗅，可以感受到其独特的草本香气。品尝时，可以感受到其微苦回甘的口感和丰富的层次。当地人传统的喝茶方式很特别，一家人或是一群朋友围坐在一起，在泡有马黛茶叶的茶壶里插上一根吸管，在座的人一个接着一个地传着吸茶，边吸边聊。壶里的水快吸干的时候，再续上热开水接着吸，一直吸到聚会结束为止。

（七）肯尼亚红茶

1. 历史文化

肯尼亚茶叶产业的发展历史可以追溯到1903年，当时英国人凯纳兄弟首次将茶树引进肯尼亚。该国主要生产红茶，占其总产量的90%以上。为了满足英国对茶叶的需求，肯尼亚在初期主要以生产黑茶为主。从1906年开始，阿萨姆茶在肯尼亚被成功种植，并在1912年引进了斯里兰卡的茶树苗，进一步扩大了茶园面积。1920年，英国殖民肯尼亚的进展取得突破，目的是获取利益并满足市场需求，大规模的茶叶种植农场开始创建，茶叶种植迅速发展起来。1963年肯尼亚独立时，只有一家茶叶加工厂，小茶农生存艰难。为了大力发展茶产业，政府成立了肯尼亚茶业发展局，实行政商合一的管理体制，全力扶持国民投入茶产业，并给予最大的资金支持。

2. 制作工艺

采摘：肯尼亚的红茶采摘主要在早晨进行，采摘时间一般在6点到10点，以保证茶叶的新鲜度和香气。采摘的茶叶多为新茶叶，采摘后放入篮子或袋子中等待下一步的加工。

萎凋：采摘的茶叶在摘下后需要经过萎凋处理。萎凋是将茶叶在室下暴露一段时间，使其水分蒸发，茶叶的组织也因此变软。在萎凋过程中，茶叶的颜色也会由绿色变为红褐色。

破碎：经过萎凋之后，茶叶会被送入机器进行破碎。破碎是将茶叶的细胞壁破坏，使茶叶内的化学物质与空气接触，进而产生不同的香气和味道。因此，肯尼亚红茶全部为红碎茶，看不到整叶片。

发酵：发酵是肯尼亚红茶加工的关键步骤。茶叶会被放置在特定的环境和条件下，让茶叶内的酵素与空气接触。在这个过程中，茶叶的颜色会从红褐色变为红棕色，茶叶的香气和味道也会得到进一步的提升。

干燥：发酵完成后，茶叶会被送入烘干室进行干燥。干燥的目的是降低茶叶的水分含量，防止茶叶在存储和运输过程中发霉。干燥的时间和温度会根据茶叶的种类和要求进行调整。

分级与包装：干燥后的茶叶会通过机器将大小、颗粒形状相近的茶叶进行分级。然后，茶叶会被装入袋子或盒子中，进行包装。肯尼亚的红茶通常以散装和袋泡两种形式出售。

3. 品质特性

外观：肯尼亚红茶的茶叶条索细长，色泽乌润。

香气：香气醇厚，大多数情况下带有浓厚的果香和花香，还有一丝丝的麦香味和坚果味。

口感：口感醇厚，爽滑，回甘强烈，入口香醇，品质优良。

汤色：汤色红艳透亮，有的呈现金黄色或橘红色。

4. 产销情况

肯尼亚是全球重要的茶叶生产国，尤其以红茶闻名于世。它是世界第二大红茶生产和出口大国，占其总产量的90%以上。在全球茶叶市场中，肯尼亚长期位居前三位，其茶叶出口市场主要包括巴基斯坦、埃及、英国、阿联酋、也门、俄罗斯、伊朗、苏丹、阿富汗和波兰。这些市场共占肯尼亚茶叶出口总量的83.1%。巴基斯坦是肯尼亚茶叶的主要出口市场，伊朗每年也从肯尼亚进口大量茶叶。由于生产过剩，肯尼亚能够以极具竞争力的价格销售其茶叶。

肯尼亚茶业在国民经济中占有重要地位，是肯尼亚三大创汇产业之一，为该国的经济发展做出了巨大贡献。

5. 品鉴方法

准备材料：肯尼亚红茶叶、开水、茶壶或茶杯、茶漏（可选）、糖和牛奶（根据个人口味添加）。

烧水：将水煮沸至100℃，并留意火候的控制，不要让水煮得太过沸腾。也可利用电水壶进行加热，方便快捷。

投茶：在茶壶或茶杯中放入适量的肯尼亚红茶叶。一般而言每杯茶需要使用1茶匙的红茶叶。如果喜欢更浓厚的口感，可适量增加红茶叶，也可以选择将红茶叶放入茶漏中，方便过滤茶叶渣。

冲泡：将烧开的开水倒入茶壶或茶杯中，然后把红茶叶浸泡其中。建议将茶叶浸泡3~5分钟，时间不宜过长，以免茶变得过于苦涩。

调味：在泡制期间，可以按照个人口味选择是否添加糖。在肯尼亚，一般会添加砂糖来增添甜味，但也可以根据个人喜好进行调整。如果喜欢茶的奶香味，还可以适量加入牛奶。

过滤：可以利用茶漏或过滤网将茶壶或茶杯中的茶液过滤出来，并取出茶叶渣。

品尝：将茶倒入茶杯时，可以通过倒高灌低的形式，这样不仅能增加茶的丰厚感，还能让红茶的色泽更加美丽。然后您就可以品尝这杯香气四溢、口感醇厚的肯尼亚红茶了。

三、知名茶企与茶叶品牌

（一）中国知名茶企与品牌

中国茶叶生产和经营历史悠久，历史上涌现了一批著名茶种植或生产企业，在目前茶叶市场经营中，比较知名的品牌有八马、吴裕泰、中茶、竹叶青、大益、天福、张一元、徽六、君山、艺福堂等。

1. 八马茶业

八马茶业是中国茶叶连锁领先品牌、高端茶市场领先品牌。其经营的茶叶汇聚了中国各大原产地的茶，品种繁多，涵盖了全茶类，其中以铁观音为主。因其茶叶品质优质且长期保持稳定，所以受到很多茶友的喜爱。

八马茶业最早源于清代乾隆年间的王士让制茶世家。当年王士让在安溪尧阳的南岩山麓修筑书房时，偶然发现一株异于其他茶种的茶树，经移植并悉心培植后，他初创摇青、炒青、包揉等茶技，自万千枝叶中选出极品一二，精制成茶。此极品茶后被献予内廷，乾隆饮后赞其味香色美，又因形沉似铁，美如观音，故赐名"铁观音"，列为贡茶。自此，"铁观音"美名传扬民间。

王氏家族后来世世代代专注事茶。清代咸丰年间，王氏家族顺应时代潮流，从泉州出发，沿着海上丝绸之路将铁观音茶叶带往东南亚各地，同时在当地创立了"信记茶行"，进一步拓宽了八马茶业的销售渠道，为后来品牌发展奠定了坚实的基础。现代八马茶业品牌起源于1997年，由国家级非物质文化遗产代表性项目乌龙茶制作技艺（铁观音制作技艺）的代表性传承人王文礼创立。

八马在全国布局六大茶类十大茗茶基地，将自身的种植、生产经验推广到中国各大产茶区，并以八马的标准体系进行管控。由此形成以铁观音为核心，名茶荟萃的产品结构。品牌逐渐分化为三个主要支柱：专注于年份普洱茶的"信记号"、致力于正宗武夷茶的"王信记"，以及主打综合茶产品的"八马茶业"。这三支品牌共同构成了八马茶业丰富多彩的产品线，满足了不同消费者的需求。

八马茶业连续多年获评农业产业化国家重点龙头企业,连续多届获评"中国茶(叶)行业标志性品牌",连续多年入选"中国品牌价值500强"。其旗下产品分别荣获国际金骆驼奖、国际发明金奖,并成为首批通关日本且通过276项检测的茶叶品牌。以高品质的产品和服务体验,八马茶业成为"中国茶业最受消费者认可品牌"之一。2023年,八马茶业完成了一次重要的品牌升级,包括形象、包装以及销售空间设计的全面革新。同时,在福建武夷山落成了一座面积达1500平方米的"八马文化馆",作为品牌历史和文化的展示窗口,以及融合文化传播、商业销售和茶饮体验为一体的综合型展陈空间。此外,八马茶业还作为中国茶代表,礼献茶叙外交,服务于各类中外茶叙大型国事活动。

2. 吴裕泰茶业股份有限公司

吴裕泰是中国商务部首批认定的"中华老字号",也是海内外知名的茶叶品牌。该品牌始创于清光绪十三年(1887年),由徽州歙县人吴锡卿在北京北新桥挂牌创建"吴裕泰茶栈",以经营仓储、运销、批售为主,门市零售为辅。吴锡卿去世后,其五个儿子组建了一个股份制管理机构"礼智信兄弟公司",在北京和天津两地开设了多家茶庄,开始了最早的茶业连锁尝试。

1955年,吴裕泰完成了公私合营的历史转折,更名为"吴裕泰茶庄",成为社会主义公有制下的一个单元。1997年,吴裕泰茶叶公司正式成立,开始实行连锁经营,并逐步建立起现代化的经营制度与管理体系。2005年8月,北京吴裕泰茶业股份有限公司成立,以销售自拼茉莉花茶为主要特色,主营茶叶、茶制品、茶衍生品的生产、加工、拼配、分装、配送、批发与零售等。其生产制作的茉莉花茶有"香气鲜灵持久,滋味醇厚回甘,汤色清澈明亮、耐泡"的特点，被消费者称为"裕泰香"。吴裕泰茉莉花茶始终坚持"三自"方针，即"自采、自窨、自拼"。茶坯从安徽、浙江等地自采，再运至福建花乡自窨，最后运回北京自拼。吴裕泰茶庄自拼的几十种不同档次的茉莉花茶，不但质量上乘，而且货真价实，赢得了广大消费者的欢迎。其中吴裕泰牌的茉莉牡丹绣球、茉莉雪针、莲峰翠芽等8个品种曾连续三年荣获国际名茶评比会金奖，并荣获日本、韩国评茶会名茶金奖。

经过百余年的发展，吴裕泰茶叶股份有限公司已经成为一家拥有百余家连锁店、年销售额超过亿元的中型连锁经营企业。作为著名的"中华老字号"企业，其在国内同行业具有较高知名度。"吴裕泰牌茶叶"是北京市名牌产品和著名商标，多次获得国内、国际大奖。

3. 竹叶青茶业股份有限公司

竹叶青茶是峨眉高山绿茶，是享誉海内外的知名茶叶品牌。四川省峨眉山竹叶青茶业股份有限公司生产的竹叶青茶出口到其他国家，受到了很多爱茶人士的喜爱。

峨眉山产茶历史悠久。唐代李善所著的《文选注》中记载："峨眉多药草，茶尤好，异于天下。今黑水寺（后改名万年寺）后绝顶产一种茶，味佳，而色二年白，一年绿，间出有常。"宋代，峨眉山茶叶更是有名，大文豪苏东坡、诗人陆游都有写诗称赞竹叶青茶。

竹叶青茶的制作工艺非常讲究，制茶的原料只在清明节前采摘，而且只选峨眉山海拔800~1200米的高山生态茶园的独芽或一芽一叶初展，采摘的新叶经杀青、揉捻、烘焙等工艺制作而成。

竹叶青茶叶股份有限公司拥有"论道""竹叶青""碧潭飘雪"等多个知名品牌，产品包括名优绿茶、花茶、红茶等高、中、低档系列。其中，竹叶青牌绿茶外形扁平光滑、独芽、颗粒均匀，色泽嫩绿鲜润，滋味鲜醇，嫩栗香馥郁、韵味悠长。碧潭飘雪牌花茶则外形紧细挺秀、卷曲，白毫显露，汤色黄绿明亮清澈，滋味醇爽回甘，花香鲜浓持久。该公司生产的产品多次作为国礼赠送给外国政要和国际友人，并多次受邀参加世界顶级私人物品展等国际性活动。

4. 大益集团

大益集团是普洱茶行业的佼佼者，其历史可以追溯到1940年，当时为云南省"宋聘号"，后更名为"大益"。1989年，勐海茶厂在云南西双版纳勐海县成立。1993年，勐海茶厂正式推出以"大益"为品牌的七子饼茶，大益茶品牌就此诞生。2004年，勐海茶厂成功改制，成为有限责任公司。如今，大益集团已发展成为以普洱茶为核心，贯穿科研、种植、生产、营销与文化全产业链的现代化大型企业集团。

大益普洱茶选用云南大叶种晒青毛茶为原料，这类茶叶内含物丰富，品质上乘。大叶种茶叶的茶多酚、氨基酸等有效成分含量较高，使得大益普洱茶具有特别的香气和口感。大益普洱茶采用传统的制作工艺，对采摘、晒青、揉捻、晾晒、筛分、压制、发酵等工序进行严格把控，茶的品质和口感得到了很好的保障。

"大益"普洱茶品种繁多，主要包括大益熟普、大益生普、大益拼配茶等多种品种。其中，大益熟普以特别的发酵工艺和醇厚的口感著称，茶色红浓，口感醇和，具有独特的陈香和甜香；大益生普则保留了茶叶的原始风味，茶色黄绿，口感爽，具有特别的清香和花香；大益拼配茶则是将不同年份、不同品种的普洱茶进行拼配，以达到更好的口感和品质。

在普洱茶市场，大益茶企业占据着较大的市场份额，拥有

2000余家品牌专营店，产品畅销全球，推动了普洱茶产业的发展。此外，大益茶品牌还引领行业潮流，将传统文化与现代审美相结合，推出了一系列具有文化内涵的产品，如"大益生肖茶""大益故宫系列"等，深受消费者喜爱。

大益茶品牌曾荣获"中国驰名商标"和"中华老字号"等殊荣，彰显了其在行业中的领先地位，有"做收藏言必称普洱，做普洱言必称大益"的美誉。

5. 天福集团

天福集团是当前世界大型的茶业综合企业，是一家由世界茶王李瑞河先生于1993年创办的跨国集团公司。李氏家族种茶、卖茶有200多年的历史。1953年，李瑞河在台湾创办了首家天仁茗茶专卖店；1980年，天仁集团进军美国市场，并在美国各大城市开设了天仁茗茶专卖店，随后发展到日本、马来西亚等国；1993年，李瑞河回到大陆，投资创办了中国天福集团；2011年9月26日，天福集团在香港联交所主板上市，成为中国茶业界第一支"首发新股"。

天福茗茶的产品种类丰富，涵盖绿茶、茉莉花茶、乌龙茶、铁观音、龙井等各地名茶，以及茶食品、茶具等多元化产品。天福茗茶不仅注重产品的品质，还致力于传承和弘扬中国茶文化。除茶叶销售外，天福集团还涉足茶食品、茶具、旅游、医养等多个领域，实现了多元化发展。其旗下的天福茶博物院、天福服务区、石雕园等景点也吸引了大量游客前来参观和体验。

天福茗茶在中国大陆各大、中城市开设连锁店，目前已有近1400家门店，包括自有零售门市和分销商门店。同时，天福集团的业务还遍及世界各地，产品远销欧美、加拿大、东南亚等地区。

天福茗茶曾荣获"中国驰名商标"称号，是全国获此殊荣的第一家茶业企业。此外，天福集团还多次获得农业产业化国家重点龙头企业、福建省农业产业化省级重点龙头企业等荣誉认证。

天福集团作为茶行业的领军企业之一，积极参与国际茶叶交流和合作活动，不仅推动了茶叶产业的发展和升级，还促进了茶文化的传播和弘扬，推动了中国茶叶走向世界。

6. 六安瓜片茶业股份有限公司

安徽省六安瓜片茶业股份有限公司是一家集生产、加工、销售、科研为一体，涉及茶叶研发生产和销售、基地建设、旅游、茶文化传播等相关产业的现代化大型企业。其旗下的"徽六"品牌是六安瓜片中的佼佼者，荣获了"中华老字号"的称号。

安徽省六安市的气候条件和土壤环境为茶树的生长提供了得天独厚的条件。六安瓜片的采制过程包括采摘、扳片、炒生锅、炒熟锅、拉毛火、拉小火、拉老火等多道工序，其中"拉老火"是其特有的工艺，使得茶叶在烘焙过程中达到最佳的色香味形。此外，六安瓜片制作工艺还被列为国家级非物质文化遗产。

制成后的六安瓜片外形扁平，单片平展、顺直，形似瓜子，无梗无芽，色泽翠绿且均匀，有的茶叶表面还带有一层白霜，这是其独特的品质标志。六安瓜片的香气清雅持久，花香馥郁，滋味爽醇，冲泡后更是香气四溢，茶汤清澈透亮，叶底绿嫩明亮，入口后回甘生津，令人回味无穷。

六安瓜片茶业股份有限公司拥有万亩六安瓜片有机茶叶基地及良种育苗基地，并建成了多处规模化六安瓜片生产基地。除了六安瓜片外，"徽六"品牌还涵盖了霍山黄芽、精品石斛、高档茶籽油等多种优质茶叶产品，满足了不同消费者的需求。公司及其"徽六"品牌荣获了多项荣誉和认证，被评为"农业产业化龙头企业""扶贫龙头企业""中国茶叶行业百强企业""中华老字号""中国名牌农产品""安徽著名商标""安徽名牌"等。

7. 中国茶业股份有限公司（简称中茶）

中国茶叶股份有限公司是中华老字号，也是海内十大知名茶叶品牌，在世界各地都享有盛名，集茶叶栽培、生产、加工、研发、售卖、宣传为一体。

中茶公司生产加工基地遍布全国主要茶产区。公司主要采用"公司+供应商+农户"的运营模式进行茶园建设，拥有可控茶园 7 万亩。同时，公司在西湖龙井、太平猴魁、铁观音、大红袍等名优茶产区建立了茶园基地与生产加工基地，控制了大量优质茶叶资源，年生产加工能力达到 5.5 万吨。

中茶公司重视茶叶生产技术的发展，拥有国内茶叶企业最先进的、最完备的生产加工技术和设备，专业化程度高，生产标准严格。

中茶公司积极发挥基地示范作用，从源头把控，确保天然、绿色、健康、安全的高品质原料。同时，公司积极辐射和带动周边供应商及茶农，推动茶叶的安全生产，从而保障中茶产品的卓越品质。

8. 艺福堂茶业有限公司

艺福堂品牌创立于 2008 年，是杭州市首批大学生创业企业之一。创始人李晓军主张做老百姓喝得起的健康茶，引导年轻人喝茶，被誉为"改变千百年来行业规则的创新者"。艺福堂品牌取"百年福气，茶艺满堂"之意，主打经营西湖龙井茶，备受消费者喜爱。品牌致力于为消费者提供高品质的茶叶产品，是中国茶行业为数不多的年销售额突破 3 亿元的品牌之一，也是国家高新技术企业、中国茶叶行业综合实力百强企业、CCTV 中国品牌榜入围品牌、全球十佳网商、互联网茶叶领导品牌、杭州市农业龙头企业、杭州市十大产业重点企业、杭州市著名商标、杭州市准独角兽企业。

艺福堂茶业经营1000多种产品，包括绿茶、红茶、乌龙茶、黑茶、白茶、黄茶、花茶、代用茶（花草茶、含茶制品）及茶具等。其产品包装设计精美，不仅方便储存和携带，还具有很好的观赏价值，广受年轻消费者喜爱。

艺福堂销售网络遍及天猫、抖音、京东、唯品会等数十家电商平台，拥有庞大的客户群体。

艺福堂茶品牌在业界享有很高的声誉，产品多次在国内茶叶评比中获得金奖等荣誉称号。作为"互联网+茶业"电商模式的首创者，艺福堂为茶行业带来了巨大变革和新的发展契机。艺福堂注重年轻消费者的需求，通过精准营销和优质产品引领了茶叶消费的新潮流。其经营模式被业内广泛认可，并成为行业标杆，推动了茶叶行业的整体发展，提升了整个茶叶行业的形象和声誉。

（二）国外部分知名茶企与品牌

随着茶文化的发展与传播，茶在中国乃至世界被越来越多的人接受。在国外，越来越多的人爱上喝茶，不同国家、不同地区都产生了不同的茶品牌。

1. 川宁（Twinings）

川宁总部位于英国，诞生于1706年，有着超过300年的历史，是全球领先的茶叶生产商，其茶被誉为世界顶级茶叶品牌之一。

川宁以生产混合芳香茶而闻名，主要类别有红茶、调味茶、水果和凉茶、绿茶、大吉岭茶、阿萨姆茶、生姜茶、薄荷茶等。

川宁诞生之后很快就成了贵族皇室的专宠，英国维多利亚女王、乔治五世、爱德华七世以及亚历山大皇太后等王室贵族对川宁茶极其欣赏与青睐。在川宁茶店里，品类繁多，有着数以千种的川宁茶，无论是茶包还是散茶，都琳琅满目。在崇尚经典优雅的今天，川宁茶更是深受大众茶爱好者的喜爱。

2. 泰特利（Tetley）

泰特利是英国饮料制造商和最大的茶叶生产商，其品牌被认为是世界顶级茶叶品牌之一，于1837年在英国约克郡创立，至今已有180余年的历史。

泰特利被认为是第一个推出绿茶和调味茶的品牌。其茶叶甄选自全球优质原料，口感醇厚，香气浓郁，主要产品是红茶/绿茶/调味茶和礼品包。其生产的60多个品牌茶包产品畅销全球40多个国家，在英国市场，泰特利的市场份额常年保持在前二的位置，是英国的国民品牌之一。2000年，泰特利被印度塔塔集团（Tata Group）收购，成为塔塔全球饮料公司（Tata Global Beverages）旗下的一员。塔塔全球饮料公司是世界上第二大全球茶叶品牌供应商，业务遍布全球多个国家和地区。

3. 毕格罗（Bigelow）

毕格罗公司起源于美国，是茶叶生产商的顶级品牌之一。公司成立于1945年，由设计师露丝·比格洛（Ruth Campbell Bigelow）创立，因其偶然间得到一个古老的殖民地茶配方，所以她以此为基础发展出了自己的茶叶事业。

毕格罗公司是美国饮料销售前100名中唯一一家只销售茶叶相关产品的公司，拥有美国唯一一家茶种植园——查尔斯顿茶园。这个茶园不仅是毕格罗公司的参观景点，对外开放，还作为茶叶教育基地，展示各种毕格罗的茶与茶产品。毕格罗公司生产的茶品种类繁多，口味丰富，如有红茶、凉茶、绿茶、不含咖啡因的茶、冰茶和时令茶等；有苹果、蓝莓、焦糖、巧克力、肉桂、生姜、香草等口味。毕格罗品牌的袋茶几乎涵盖了所有你能想到的味道。它不仅生产各种粉状袋泡茶，还销售其他形态的茶，如冰茶、散茶等。此外，公司还推出了按功能分类的茶，如"睡眠茶""保健茶"等。

4. 迪尔玛（Dilmah）

迪尔玛是一个世界知名的茶叶品牌，成立于1974年。它不仅是斯里兰卡的国际品牌，也是单一庄园锡兰茶中最好的茶。迪尔玛目前是世界上拥有最成熟产茶体系的茶叶制造商。他们掌握了高品质和多品种的茶。迪尔玛生产各种茶，如纯薄荷叶、纯绿茶、伯爵灰、优质叶茶、茶包、摩洛哥薄荷绿茶和焦糖味茶等。由于其茶品质量上乘，迪尔玛也因此成为世界茶叶生产商的顶级品牌。

5. 立顿（Lipton）

立顿茶是联合利华旗下的英国品牌茶叶，是世界上最知名的茶叶品牌之一。立顿的每一滴都来自最好的茶叶。它为客户提供各种产品，如红茶、调味茶、热茶、冰茶等。由于它是各种茶和香精产品的生产商，因此在全球茶叶生产商中也名列前茅。

6. 共和国茶（The Republic of Tea）

共和国茶创立于1992年的美国茶品牌。品牌创立之后推出了至少200多种的各式精品茶饮，包括红茶、白茶、南非路易博士茶（一种健康茶的新起之秀）以及其他所有种类的茶。主要产品有茶、调味茶、冰茶等。

该品牌提供的茶叶品质一般都较高，其茶叶都生长在世界最大的茶叶生产地，且所有的茶叶供货商都是长期供应的伙伴。叶茶的处理过程纯天然，无任何添加剂，且会经过农药测试或其他已知的杂质测试，以确保所有产品都是纯天然的。共和国茶还善于使用创意和独具一格的包装方式，如特制的未漂白茶袋和圆柱形不锈钢茶叶罐等，为人们提供各种茶产品，既美观，又实用。该品牌借由优质的饮茶体验来丰富人们的生活，利用它们的创意来教育人们如何"小口品尝而非大口吞咽"。他们不仅在美国本土有着广泛的消费者群体，还通过其官方网站和授权代理商在全球范围内进行销售和推广，将茶文化传播到世界各地。

7. 哈尼·桑尔丝（Harney & Sons）

哈尼·桑尔丝创立于1983年，由约翰·哈尼（John·Harney）的两个儿子联合创办。目前总部位于纽约，拥有占地约8361.27平方米的生产基地，因其丰富的高质量产品，所以被认为是世界上最大的茶叶生产商之一，其茶叶品牌也是世界顶级品牌之一。

哈尼家族的人为了制作出最好的茶，走遍世界各地的茶叶产地，精挑细选最上等的茶叶。凭借丰厚的制茶经验，他们对茶叶进行拼配，只为带给顾客毫无瑕疵的高品质茶。该品牌生产超过300多种茶品，均来自世界上优质的茶产区，如中国、日本、印度、斯里兰卡等。哈尼·桑尔丝还特别推出有机茶和专为犹太人制作的洁食茶，前者健康无公害，后者照顾民族习俗，十分体贴。

哈尼·桑尔丝在成立之后，在很短时间内就取得了显著的发展成就，成了世界顶级的混合茶饮品牌之一。该品牌不仅在美国市场占有一席之地，还在包括比利时、卢森堡、法国、德国、奥地利、意大利、瑞典和荷兰等多个欧洲国家有很好的市场。此外，通过与高端品牌携手，如为香格里拉酒店、希尔顿酒店、万豪酒店、路易·威登、香奈儿等提供专属茶饮，哈尼·桑尔丝还进一步提升了品牌形象和市场地位。

8. 泰舒（Tazo）

泰舒是一家成立于1994年的美国茶叶公司，主要生产和经营混合纯茶与其他香草、香料或植物制作成独特的饮品。其产品主要在食品杂货店和便利店内以包装和瓶装饮料的形式出售。用户还可以从星巴克店内或线上商城购买到泰舒的产品。

2017年，星巴克将其茶饮品牌泰舒以3.84亿美元的价格售予了联合利华（Unilever Ventures）。此后，泰舒成为Ekaterra的一部分，而Ekaterra则是由联合利华2021年出售的茶叶品牌组成的公司。作为联合利华旗下的品牌之一，泰舒也受益于联合利华在全球市场上的品牌影响力和销售渠道。

泰舒在可持续发展和环保方面也做出了积极的努力和贡献，有着明确的目标和行动。该公司预计在2029年将其整个茶、草药和香料供应链转变为再生农业方法。泰舒希望通过再生实践开发60%~80%的产品，作为再生有机茶系列的一部分。泰舒还重新推出了四种茶品种，这些产品均是美国农业部有机产品，并采用了美国公平贸易和雨林联盟认证的成分制成。此外，泰舒还设定了到2026年实现碳中和的目标，与其母公司Ekaterra到2030年实现净零排放的目标相呼应。

第七章 循茶贸易 识茶经济

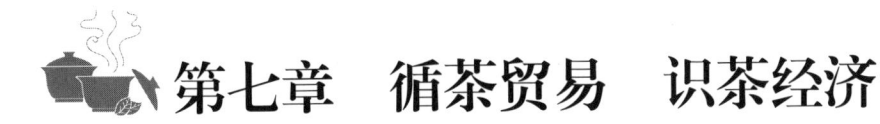

一、茶叶贸易

（一）中国茶贸易发展历程

1. 古代中国的茶贸易

茶作为商品在中国出现时间较早，从西汉王褒的《僮约》中"烹茶尽具""武阳买荼"（据考该"荼"即今茶）等叙事可以推断，我国最早在西汉时期就已经有了茶叶交易，出现了茶叶贸易的萌芽。北宋时期，为了收集更多优良战马用于与游牧民族的战争，朝廷设立了茶马司，并在陕、甘、川等多处设置了"卖茶场"和"买马场"，专门负责茶叶收集和以茶换马。由此茶叶贸易在边疆地区开始繁盛起来。汉代以来的"盐铁"官营制度，在唐宋之后很快便被"盐茶"专卖所取代，金朝为了获得南宋的茶叶，每年需费银30余万两。元光二年（1223年），金宣宗以国蹙财竭为由，颁布茶叶禁令，但仍然无法阻止人们饮茶。自唐宋以来，茶叶逐渐成了国家战略物资。因为茶叶是西北游牧民族的必需品，而茶叶的获取又完全依赖于中原地区供给，因此，从某种意义上说，中央王朝因茶叶而掌握了"华夏边缘"地区的命脉。据《明史·食货志》记载："番人嗜乳酪，不得茶，则因以病。故唐、宋以来，行以茶易马法。"当时有"用'汉中茶'三百万斤，可得马三万匹"之说。洪武初年，明代政府"设茶马司于秦、洮、河、雅诸州，自碉门、黎、雅抵朵甘、乌斯藏，行茶之地五千余里。彼得茶而怀向顺，我得马而壮军威。"茶叶贸易不仅为稳定边疆、稳固中央政权提供了强大的物质基础，还在某种程度上改写了传统政治格局。

明洪武、永乐年间，茶马贸易盛极一时，政府在产茶区设置茶课司，逐渐垄断了全国的茶马贸易。朱元璋对国家的榷茶制度非常重视，说"国家榷茶，本资易马。边吏失讥，私贩出境：惟易红缨杂物，使著人坐收渔利，而入中国者少，岂所以制戎狄哉？"在元至正二十年（1360年），朱元璋就制定了茶法，规定"三十而税一"。此外，为加强茶叶交易管制，政府在《大明律》中还专门设置了茶叶的专卖制度，规定民间商人贩茶，必须持有政府颁发的"茶引"或"茶由"。"若茶无由引，及茶引相离者，听人告捕"，伪造茶引者，本人处死，家产没收；贩卖无引茶叶者，惩罚同于贩私盐，犯者一般杖一百，徒三年。对"私茶出境者斩"，即使边境守将贩私茶，也是死罪。据记载，洪武三十年（1397年），安庆公主的驸马欧阳伦利用自己的都尉职权，"数遣私人赐茶出境，所至骚扰，虽大吏不敢问。有家奴周保者尤横"。这种私传茶出境的行为被朱元璋知道后，欧阳伦被赐死，周保等尽皆伏诛。当时，不仅严禁茶叶自由买卖，还禁止民间囤积茶叶，"所蓄不得过一月用，多皆官卖。茶户私鬻者，籍其园入官"。

在明太祖洪武年间，一匹上等马最多换茶叶120斤；到了明万历年间，则以一匹上等马换茶30篦，中等马换茶20篦，下等马换茶 15 篦。依靠茶马贸易的"剪刀差",明廷一度获利颇丰。明弘治十七年（1504 年）,当时的督理陕西马政杨一清算了一笔账:用 1570 两银子收购 78820 斤茶叶,可换得 900 多匹马;而如果直接买马的话,则至少需要 7000 多两银子。当时一斤茶叶的价格是 0.02 两银子,一匹马的价格是 7.78 两,每匹马折成茶叶为 389 斤。但在这次交易中,每匹马仅需 87 斤茶叶,折算成白银为 1.74 两,净利 6.04 两,利润率达 347%。这种通过一方面故意提高茶叶价格,另一方面大大压低马价的垄断而无竞争的国家专营体制,对茶叶贸易产生了深远的影响。

此外,受当时官僚的低效与腐化影响,这种不公平的茶马贸易迅速衰落。洪熙元年（1425 年）,官仓中的茶叶大量过剩,朝廷不得不将大批"积茶折官俸"。同时,私茶也开始盛行。宣德（1426 年）以后,吏治日益腐败,"岂如今之贩者,横行恣肆,略不知惮,沿边镇店,积聚如丘,外境夷方,载行如蚁"。景泰（1450 年）、成化（1465 年）以后,官府对贩私茶几乎已经无能为力,只能睁一只眼闭一只眼。既然无法禁止,只好选择有条件地允许其合法化。

明弘治年间,政府不得不开放"茶禁",传统的茶叶官营被改为"招商中茶","令陕西巡抚并布政司出榜招商,给引赴巡茶御史处挂号,于产茶地方收买茶斤,运赴原定茶马司,以十分率,六分听其货卖,四分验收入官"。也就是说,茶商一次可以贩运 30 引（3000 斤）的茶叶,其中 1200 斤交给官方,其余可以自由贩卖。自此,茶马贸易正式从官营改为民营。茶马贸易也由此再度繁荣起来,在通往边疆地区的交通线上,"商贾满于关隘,而茶船遍于江河"。

清代茶贸易继续繁荣发展,《思茅县志》记载:顺治十八年

（1661年），思茅年加工茶叶10万担，经普洱过丽江销往西藏茶叶三万驮之多。康熙三年（1664年），清朝设立元江府普洱分府，移元江通判驻普洱，为普洱通判，管辖十三版纳地区。雍正七年（1729年），清朝设立普洱府，实行流官制，管辖六大茶山、橄榄坝及江内（澜沧江以东、北片）、六版纳（即猛养、思茅、普滕、整董、猛乌、乌得），对于江外各版纳（即猛暖、猛棒、猛葛、整歇、猛万）则设立车里宣慰司，实行土司管制。根据流官管土官原则，普洱府对车里宣慰司实行羁縻管理。同年，还在思茅设立茶叶总店，将思茅城私商（指茶商）一律赶走，禁止其经营茶叶生意。

由云南总督鄂尔泰选取最好的茶青，制成紧茶、茶膏，作为贡茶献给皇帝。雍正十年，普洱镇总兵官李宗应以巡边到茶山搜括民财，普洱知府佟世荫又借口"过山聚粮"再次前往茶山搜括。遭拒后，佟世荫辱打茶山千总刀兴国，刀兴国愤而发动茶山人民起义。然而，在官军六个月的围剿下，起义最终失败，刀兴国等人惨遭杀害。雍正十三年（1735年），宁洱县被设立为附廓县。

乾隆三十五年（1770年），普洱府辖一县、三厅及车里宣慰司。同年，清廷对普洱府茶业情况进行了调查，并对私商经营茶叶的政策作了改动。道光《普洱府志·食货》对当时的情况追述为："普洱茶名重于天下，此滇之所以为产而资利赖者也。每岁约贩茶五六千驮，每驮百有二十斤，合计七十二万斤，山作茶者（指茶农）不下十万众，茶容（商人）收买运于各处。"为了"杜绝衅端（闹事），不许客人上山作茶"，清廷又从收缴茶税入手，准许私商办"茶引"购茶，并规定：普洱府年发茶引三千，每引收税银三钱二分（加其他税费，合每引征税一两，年征收茶税合三千余两），行销办课，定额造册题销。其后清廷在府地设"茶局"，专办茶银发放、税银征收，以及贡茶例银的发放和贡茶押运的监督机关。

中国古代茶叶贸易自允许民营之后，茶叶就成了中国传统商帮的特色商品之一，传统商帮对茶叶贸易的发展起到了较大的推动作用。明清之际，陕商一直执西北茶叶买卖之牛耳。清乾隆时期，茶马互市被取消，陕商基本垄断了四川边茶的贸易，晋商主要将茶叶贩往西域和俄罗斯；徽商则依靠水运之便，主要经营华北和东北市场，清代北京的茶叶市场基本为徽商所垄断。

中国古代茶贸易从边境开始，之后延伸到整个中国的东西南北各个区域，对外出口贸易也逐渐繁盛。民国时期出版的专门研究茶史的著作《茶叶产销》中提出，中国茶叶对外贸易的开端始于5世纪后期，是在当时的中国和蒙古边境，土耳其人与中国边境地区开展用物品交换中国茶叶。后来，朝鲜、日本与南洋等国也开始从中国购买茶叶，但数量却十分有限。16世纪，中国茶叶开始大量出口，茶叶贸易有了质的飞跃，茶叶成了中西贸易的一项重要商品，同时也为中西文化交流增设了一条全新的渠道。17世纪之前，饮茶的习惯主要风行于亚洲，但受到当时社会的贸易格局、规格、政治与交通等因素的影响，贸易量始终受限。17世纪，中西贸易兴起，随着清代政府在1684年废除禁海令，开放南洋贸易口岸，中国茶叶贸易的市场得到扩大，茶叶贸易日益兴盛。一条条茶路成为连接中外贸易往来的大通道，如丝绸之路、海上茶路、茶马古道、万里茶道，这些茶路中，其中，"一带一路"是最主要的茶叶输出渠道。通过这些贯通中外的通道，茶叶大量输往国外。

2. 近代（1840—1949年中华人民共和国成立前）中国的茶贸易

18、19世纪开始，中国茶叶对外贸易量迅猛递增，茶叶贸易进入全盛时期。当时，茶叶出口价值已经超过了瓷器、丝绸等具有中国传统文化特色的商品，成了中国对外贸易创汇的支柱商品产业。18世纪20年代之后一直到19世纪40年代，随着西方国家消费能力的上涨，西方对于中国茶贸易的需求量越来越大，茶叶贸易进入了匀速发展阶段。

1842年，清政府被迫签订《南京条约》，实行五口通商后，中国茶叶对外贸易迅速发展。为了平衡当时的贸易逆差，清政府大力推进农业，扩大茶叶的生产出口。当时生产的茶叶主要供作外销，茶叶出口创收约占全国各类商品出口总额的一半。1840—1886年，全国茶叶的生产量和出口量分别由1840年的5万吨和1.9万吨增至1886年的25.0万吨和13.41万吨，茶叶的出口商品率高达62%，对平衡贸易逆差起到了很大作用。1886—1949年，因受军阀混战和八年抗日战争的影响，国内经济衰退，茶叶生产骤降。此外，受第二次世界大战和世界新兴产茶国争夺市场的影响，中国茶叶产销每况愈下，一蹶不振，直至新中国成立以后，才重新得到恢复和发展。

当然，中国近代茶贸易的衰落，除了受到国内外政治和经济方面的逆境影响外，还有一个非常重要的原因就是，生产成本高、茶品质下降、茶经营不善的中国茶叶在竞争激烈的国际茶叶市场中失去了自身的竞争力。而当时的荷属东印度（今印度尼西亚）、印度、锡兰（今斯里兰卡）等新兴产茶国家却已经开始利用机器制茶，茶产量激增，茶叶品质也相对中国茶更加优质，其茶叶贸易在国际市场上逐渐显示出了竞争优势。英、美等红茶市场逐渐被印度、锡兰（今斯里兰卡）等国所占领，而绿茶、乌龙茶市场则被日本挤占。因此，这样内忧外患的贸易环境最终导致中国茶叶外销在中华人民共和国成立前期濒临绝境。

3. 中华人民共和国成立后至今，中国茶叶贸易的发展状况

中华人民共和国成立后，中国茶叶生产经历了恢复发展期、快速发展期、创新发展期三个阶段。其中，1949年到1959年为恢复发展期，茶产量及出口量均保持在较低水平。随着中国经济的恢复与发展，尤其是改革开放以后，中国的茶叶生产与出口贸易进入了快速发展期和创新发展期。

中国不仅是世界第一大产茶国，也是世界主要出口国。目前，世界上有超过50个国家和地区种植茶叶，而中国茶叶种植面积、产量均居世界之首，分别占世界茶叶种植总面积的54.6%和总产量的40%。与世界第二大产茶国印度相比，中国在种植面积和产量占比上分别高出39.3个和18.6个百分点。中国茶叶种植出口品种以绿茶为主，其出口量占全球绿茶出口总量的70%。

按照出口量计算，目前中国是世界第二大茶叶出口国。按出口额计算，中国茶叶出口自2015年以来连续几年位居世界首位。据中国海关统计，近三年中国茶叶出口总量持续呈现稳定增长的趋势，但增速有所放缓。2022年出口量（37.52万吨）比2021年（36.94万吨）增长了1.6%，而2023年（以非洲市场为例）的增长率则为5.27%。虽然2024年前三季度的数据显示出口量略有下降（-0.7%），但考虑到整体市场环境和季节性因素，全年数据可能会有所回升。

绿茶一直是中国茶叶出口的主要品种，无论是从出口量还是出口额来看，都占据了绝对的优势。近三年，绿茶的出口量持续增长，且在全球市场上的份额保持稳定。

而红茶和乌龙茶的出口情况相对波动较大。红茶在2022年出口量增长较快，但出口额和均价均有所下降；乌龙茶则呈现出稳定增长的趋势，但增速相对较慢。

花茶和黑茶在近三年的出口中也呈现出增长态势。花茶以其独特的香气和口感，逐渐受到国际市场的青睐；而黑茶则因其独特的发酵工艺和保健功能，在国际市场上逐渐打开销路。

近三年中国茶叶出口的均价呈现下降趋势，这可能与国际市场竞争加剧、原材料成本上升以及汇率波动等因素有关。均价的下降对出口企业的利润空间造成了一定的压力。

非洲市场成为中国茶叶出口的重要增长点，并一直是中国茶叶出口的重要市场之一。近三年，中国对非洲的茶叶出口量持续增长，显示出非洲市场对中国茶叶的强劲需求。

多元化市场战略逐渐显现。随着国际市场的不断变化和消费者需求的多样化，中国茶叶出口企业逐渐开始实施多元化市场战略，拓展新的出口市场和销售渠道，以降低对单一市场的依赖风险。

未来，中国茶叶出口企业需要持续关注国际市场动态和消费者需求变化，加强品牌建设和技术创新，提升产品质量和附加值，以应对日益激烈的市场竞争。

4. 中国茶叶贸易发展趋势

茶叶从中国走向世界，早已成为世界无酒精饮料市场的重要品种。世界茶叶市场竞争也日益尖锐，自20世纪90年代以来，茶叶的各主要生产国和消费国不断出现新的经营方式。

中国作为茶叶的故乡，凭借其齐全的茶品类、广阔的种茶范围及优质的茶叶品质，早已成为了名副其实的产茶、茶消费和茶贸易大国。自改革开放以来，中国茶叶贸易一直处于良好的发展态势。依靠政策支持、持续投入和科技进步，茶叶贸易也进入了新的发展阶段。近年来，受良好社会环境的带动，全国种植面积和产量均居世界首位，中国茶叶贸易又一次站上了新的历史高点。

在生产方面，中国茶叶贸易增长趋势明显。相关统计数据显示，截至 2023 年年底，中国茶园面积已超过 5000 万亩，干毛茶总产量达到了 355 万吨，相比上一年度实现了 6.1% 的增产。这一数字表明，中国茶园面积和茶产量在过去几年中均保持了稳定增长，中国茶叶产业的发展势头强劲，为茶叶产业的持续发展提供了坚实的基础。

在销售方面，2023 年，中国茶叶国内销售量达 240 万吨左右，增幅为 3%~5%；内销均价约为 150 元/千克，同比略有上升；2023 年，中国茶叶国内销售总额为 3600 亿元左右，增幅为 5%~7%。干毛茶产值最高的四个省份是贵州、福建、四川、浙江；产值增长前五位的省份是广东、福建、贵州、四川、云南。

在出口品类方面，绿茶一直是中国茶叶出口的主要品种，无论是从出口量还是出口额来看，都占据了绝对的优势。据中国海关统计，2023 年绿茶出口量 22.06 万吨，占茶叶出口总量的 99.53%；出口额 7.67 亿美元，占茶叶出口总额的 99.23%。

中国不仅是世界第一大产茶国，也一直是世界茶的主要出口国。2020 年年初，虽然受世界整体贸易环境的不利影响，我国茶叶对外出口量及出口金额相比同期有所下降，但从国际需求总体向上发展的实际来看，近年来我国的茶叶出口将一直保持着稳定增长的态势。

（二）世界茶贸易

1. 世界茶叶消费市场形成及格局演变

17 世纪前，饮茶习俗主要在亚洲流行，茶叶外销的重点市场在亚洲。17 世纪后，亚洲市场逐步缩小，世界茶叶的重点市场开始转到欧洲。1607 年，荷兰东印度公司首次采购中国武夷茶，经爪哇转销至欧洲各地。英国皇室被这来自东方的神奇树叶所吸引，于是茶叶由皇室贵族逐渐传入民间百姓，最终在欧洲广泛风靡。在这一时期输入茶叶的国家，主要有葡萄牙、西班牙、荷兰、英国、俄罗斯等国，其中，荷兰是当时最大的茶叶进口国。此外，美洲、大洋洲、非洲市场也开始由荷兰、英国转口输入茶叶。

进入18世纪后，英国成了欧洲乃至世界最大的茶叶承销国家，逐渐取得了茶贸易中的支配地位。其承销总量约占中国茶叶总输出量的45%，占欧洲输入量的50%。荷兰退而变成了第二大茶叶进口国，总输入只占英国茶叶输入量的44.5%，占中国茶叶总输出的20%，欧洲输入量的22.3%。这一时期，除英国、荷兰之外，输入茶叶的国家又增加了法国、普鲁士、丹麦、瑞典、美国、匈牙利、意大利等国。随着茶叶市场消费能力的增长，法国、瑞典、丹麦市场增大，输入量占欧洲总输入量的17.9%，占中国茶叶总输出的16.1%。美国开展茶叶贸易相对较晚，茶叶的输入总量并不大。

19世纪，英国的茶叶消费市场持续增长，输入的茶叶总量最多，开始独霸茶叶外销市场。与此同时俄国、美国的消费总量也开始有了增长，在国际茶叶市场上变得日益重要。而其他国家在这一时期则基本退出了茶叶贸易活动。

19世纪80年代之前，世界茶叶的生产和供应主要依靠中国，在茶叶出口市场上，中国处于绝对的垄断地位。之后，英国、荷兰等国在其殖民地印度、斯里兰卡等国开始种植茶叶，并且通过技术的不断开发与创新，印度和斯里兰卡的茶叶生产和供应量得到大幅提高。中国在世界茶叶总产量中所占份额大幅度降低，中国茶叶出口市场的垄断地位也被打破。

"二战"结束后的1946—1991年，全球种植茶叶的国家和地区仅有几十个，但参与全球茶叶贸易的国家和地区却多达170多个。在这170多个生产和销售茶叶的国家和地区中，斯里兰卡、印度的茶叶出口贸易量长期雄踞世界前两位。1992年，中国茶叶出口量首次超过印度，跃居全球第二。当时，全球茶叶产量排名前三的国家是中国、印度和肯尼亚。1994年，中国茶叶出口量首次被肯尼亚超越，退居第三；2004年，肯尼亚茶叶出口量超越斯里兰卡，跃居全球第一，斯里兰卡则退居全球第二；2009年，中国茶叶出口量突破过斯里兰卡，重新跃居全球第二。2009年以后，除个别年份（2014年）外，中国茶叶在世界茶叶出口市场一直稳居第二。目前，从出口量来看，肯尼亚、中国和斯里兰卡是全球前三大茶叶出口国。因此，在1946—2016年，世界茶叶出口贸易市场格局发生了巨大变化。全球茶叶出口贸易已由1946年前的斯里兰卡、印度两家独大的局面转变为了多极化格局：在亚洲，中国、斯里兰卡与印度三强鼎立；在非洲，肯尼亚一家独大；在南美，阿根廷一枝独秀。

2. 世界茶叶贸易市场竞争情况

18世纪前，世界茶叶贸易市场主要由荷兰垄断。进入18世纪后，英国开始与荷兰争夺茶叶贸易垄断权。英国茶叶商开展茶叶贸易虽然比荷兰晚，但比荷兰来中国开展中西直接贸易早。18世纪后期，东印度公司全力经营茶叶贸易，与荷兰的竞争更趋激烈。1776年，荷兰从中国广州运出的茶叶占当时广州茶总输出的30.3%，而英国仅占20.9%，处于竞争的劣势，但嗣年英国即超过荷兰成为中国最大的海外茶贸易商。此后，这种增减趋势更加扩大，荷兰一直处于劣势，最后在竞争中被英国击败。1796年，荷兰退出广州茶叶贸易市场与英国的竞争，专心在爪哇发展茶贸易。除了荷兰这个最大的竞争对手外，英国的茶叶贸易还受到法国、丹麦、瑞典等其他欧洲国家的竞争。据相关资料显示，1711—1759年，英国东印度公司的账面盈利增长了7倍多，1812年的利润达到了350万英镑。利之所在，各国趋之若鹜，广州市场上呈现出一场抢夺茶源的大战。为了抢占茶贸易的垄断地位，英国公司甚至训令"英商包购所有市上的中国茶，垄断茶市"。从1741年起，东印度公司推出了"垄断茶市的政策，训令英国购买能上市的熙春茶"。竞争结果就是使茶价大涨，输出剧增。

进入19世纪后，随着英国茶叶市场的需求大量增加，英国在与中国的贸易中长期处于逆差地位。因此，英国为挽回贸易上的劣势，向中国输出鸦片，这一举措间接带来了1840年的鸦片战争。其后，随着英属殖民地印度、斯里兰卡种植生产红茶后，英国既解决了国内的茶叶需求问题，也在很大程度上缓解了这一贸易逆差。茶叶贸易出口市场的竞争也由原来的单一垄断向多市场竞争的方向转变。

3. 当代世界茶贸易现状及发展趋势

在世界茶进口贸易中，目前前三大进口国分别为巴基斯坦、俄罗斯和美国。2006年，俄罗斯茶叶进口量首次超过英国，跃居全球第一；2016年，巴基斯坦茶叶进口量首次超越俄罗斯，跃居全球第一。

全球茶叶消费量每年以约3.5%的速度增长，人均茶叶消费量以每年2.5%的速度增长。发展中国家和新兴经济体一直在推动茶叶需求的增长，如东亚、非洲、拉丁美洲和加勒比地区，其中近东地区的增长最为显著。非洲国家如肯尼亚、乌干达和卢旺达等国的茶叶消费量也在快速增长。然而，欧洲市场和其他发达国家的传统茶叶摄入量一直在下降。

在产品整体供给方面，为满足消费市场对中国茶叶产品多元化、高质量的需求,解决茶叶供需失衡、质量效益不高等问题,近年来,中国行业龙头企业各产区政府注重补齐基础短板,构建符合自身发展实际的自主可控、安全高效的产业链供应链,并向茶旅游、新茶饮等新消费供给渠道延展,取得了较好效果。

同时,年轻态消费群体已逐渐成为市场主力。随着年龄、消费习惯、社会环境的变化,"80后""90后"甚至"00后"对茶的接受度持续提升。在接纳茶叶的同时,年青一代通过加入个性化、多样化需求,也在改变着茶产品与茶消费,形成了传统与现代的完美"和解"。如今,年青一代的茶文化与茶消费逐渐成为主流。

因此,全球茶叶贸易呈现持续增长的趋势,但不同地区和不同种类的茶叶消费存在差异。同时,年青一代的茶文化与茶消费逐渐成为主流,对茶产品多元化、高质量的需求日益明显。未来,茶行业的发展将更加注重供给侧改革和年轻化消费趋势的引导。此外,随着茶叶消费量的增加,这些地区的茶叶生产量和加工技术也将得到提升,进而推动全球茶叶产业的不断发展。

二、茶叶经济及茶产业

中国是茶叶种植、生产、制造、消费以及出口的主要国家,是世界茶叶经济的发源地。中国茶叶产业的繁荣与发展为中国经济的发展乃至世界经济的发展都发挥了巨大影响作用。

(一)茶叶经济的地位和作用

1. 茶叶经济是中国古代封建社会的支柱产业之一

汉代,茶叶经济开始发展。西汉时期,茶叶开始进入商业化阶段,当时成都成了茶叶最早的集散中心。东汉时期,人们开始制作茶饼，以便于茶叶的运输。茶叶的生产、制作和贸易带动了其他相关行业经济的发展。

　　唐代中期前，社会饮茶风尚形成，茶叶消费在各阶层日常生活消费中占据的比重逐渐增大。陆羽的《茶经》更是对茶文化进行了全面的总结和推行，使得茶道大行其道。这一时期，茶农种茶、买卖茶叶无须缴纳赋税，国内民间茶叶经济由此迅速发展。

　　唐代中期后，受安史之乱的影响，唐政府财政负担沉重。由于茶叶生产及贸易的巨大经济利润，茶叶便成了政府税收的主要对象，是国家财政收入的重要来源。征收上缴的茶税主要用于解决当时的军费问题。后来，唐政府还制定了税茶法，茶税便成了唐朝后世历代政府的重要税收来源。据《旧唐书》卷12《德宗纪》记载："赞（户部侍郎赵赞）请于诸道津要都会之所，皆置吏，阅商人财货，计钱每贯税二十文；天下所出竹、木、茶、漆，皆什一税一，充常平之本。"贞元九年（793年）正月，税茶法正式被规固定下来，"凡州县产茶及茶山外要路，皆估其值，什税一"，唐代政府每年得茶税40万贯，茶税税率为10%，成为国家财政的重要支柱。后来，茶税一直被历代政府沿袭，且税收数字从前到后被逐渐扩充、增大。据《旧唐书》记载，唐穆宗长庆元年（821年），政府因"两镇用兵，帑藏空虚""乃增天下茶税，率百钱增五十。江淮、浙东西、岭南、福建、荆襄茶自领之，两川以户部领之"。开成元年（836年），"以茶税皆归盐铁，复贞元之制"即"十税一"。由于茶税的逐年提高，茶税建立30年后，唐代政府每年茶税所得至少为60万贯。"至年终所收，以溢额五千六百六十九贯，此类盐铁场院正额元数加数倍以上"。茶税的巨额利润不仅成为唐代财政收入的主要经济来源，也促进了整个国家国民经济的发展。

宋代，茶叶经济在当时具有举足轻重的地位和作用，不仅促进了中国与外国、内地与边疆地区的贸易往来和经济发展，也为当时的财政收入和军事需求做出了重要贡献。

首先，茶叶成了宋代重要的出口商品。在与少数民族的交易中，茶叶被用来换取北宋所需的马匹等物品。而在与东北等地少数民族及海外诸国的贸易往来中，茶叶也成了北宋出口的大宗商品。比如，太平兴国二年，北宋在边境地区设置了榷务，用茶叶、香药、犀象等与契丹进行贸易。这些交易不仅给北宋的商业活动注入了新的活力，也加强了中国与外国、内地与边疆地区的贸易往来，互通有无。

其次，茶马互市成了北宋政府与少数民族进行贸易的重要渠道。位于西北或者西南的少数民族需要茶来均衡饮食，而北宋政府则需要换取中原无法培养的战马，于是就形成了"茶马互市"。这种贸易方式不仅为北宋政府提供了重要的物资交换，也为民族地区提供了他们所需的商品和资源。

最后，茶叶税收也是宋代财政收入的重要来源。北宋政府颁布了"榷茶法"，通过法律手段对茶叶的贩卖、交易进行控制乃至官府垄断。由于茶叶产量大、交易量大，茶叶贸易的税收十分充足，茶利收入是宋代财政收入的重要部分。

明清时期，中国茶叶成了重要的出口商品，尤其是绿茶和红茶。茶叶出口不仅为国家带来了巨额的外汇收入，也促进了中国和其他国家的贸易往来，增加了国家的国际影响力。同时，茶叶也在国内市场中占有重要地位，成为内陆的主要贸易商品之一，为城市经济的发展做出了贡献。

在明清时期，茶叶贸易商也成了当时社会中的一个特殊群体，为贸易和商业的发展作出了贡献。茶叶税收也为明清时期国家的财政收入提供了可观的资金来源。

近代以来，随着社会的变迁和科技的进步，茶叶经济也发生了许多变化。首先，茶叶生产方式发生了变革，由传统的手工生产逐渐向现代化、机械化的生产方式转变。其次，茶叶贸易也发生了变革，由传统的茶马古道和海上丝绸之路向现代的国际贸易转变。

此外，茶业的发展也带来了许多就业机会，为社会提供了大量的就业岗位。茶业发展的原因包括劳动力充足、需求量增加和生产力提高等因素。在唐代中后期，由于北方地区战乱不断，百姓举家迁往南方安身立命，南方劳动力资源充足，生产技术也得到了大幅度的提高。这些多出来的劳动力便可以投身到茶业之中，发展茶业经济。同时，自唐代以来，饮茶的风气遍布大江南北。茶叶逐渐成为日常不可替代的必需品，社会对茶叶的需求量增加。茶叶受到广大百姓的欢迎，不仅刺激了消费市场，也极大地增强了茶农种植茶叶的积极性。茶农不断扩大种植面积，筛选茶叶品质，研究先进的制茶技术和不同品种，以适应人们日益变化的饮茶需求。

总之，茶叶经济在中国古代各个历史时期都产生了重要的影响，不仅促进了经济发展和贸易往来，也提供了大量就业机会和国家财政收入，同时还传播了中国茶文化，推动了社会的繁荣发展。此外，茶文化也逐渐成为一种全球性的文化现象，与世界各地的文化交流也不断加深。

2. 中国古代茶叶经济促进了世界其他国家和地区茶叶经济与贸易的发展

茶叶经济不仅在中国历史上的发展历程中扮演了重要的角色，促进了中国历代社会经济的增长和文化交流，而且随着茶文化在世界各国的广泛流传，古代茶叶经济还对日本、朝鲜半岛、印度、斯里兰卡、英国等世界其他国家和地区产生了广泛而深远的影响。这些影响不仅体现在茶叶的消费和贸易方面，更体现在人类文明和社会文化的发展方面。

（1）日本

中国茶叶出口日本的历史可以追溯到唐代。当时，遣唐使和留学生从中国将茶带回日本，茶开始在日本流行。南宋时期，荣西禅师从中国带回了茶的种子和茶道具一式，并在日本九州种植，这表明茶叶在日本开始种植和生产。古代茶叶经济的发展对日本的经济和文化产生了极为深远的影响。

第一，茶叶经济的发展推动了日本农业和手工业的发展。在日本古代，茶叶经济成了农村经济发展的重要推动力。茶园的种植和管理需要大量的劳动力和技术，因此促进了农业和手工业的发展。特别是在茶叶产区，农民们为了种植和采摘茶叶，需要不断提高种植技术和管理水平，这也进一步推动了日本农业的发展。

第二，随着茶叶经济的发展，一些产茶地区逐渐形成了具有特色的经济区域。例如，日本静冈县和京都府等地成了重要的茶产区，茶叶生产和加工成了当地的特色产业。这些地区通过发展茶叶旅游业等，进一步推动了地区经济的发展。

第三，茶叶经济增加了国家的财政收入。在日本古代，茶叶成了重要的税收来源之一。极大地增加了国家的财政收入。同时，茶叶贸易也成了日本政府财政来源的重要组成部分，有力地推动了国家的经济发展。

第四，茶叶经济的发展不仅日本对文化和社会产生了重要影响，还促进了其文化的传承和发展。茶道和茶文化成了日本传统文化的重要组成部分。在日本镰仓时代，建久二年（1191年），日本高僧明惠在当时日本的"饮茶之风"影响下，乘坐大唐航船前往中国浙江省天目山，从天目山将"茶道具"一式带回了日本。在此之后，中国的茶叶加工技术和品茶方式等都逐渐传入日本，成了日本茶道的组成部分，对日本茶文化的发展起到了积极的推动作用。由此，日本茶道成为中国茶文化在日本的重要传承和发展，对日本文化和社会产生了深远的影响。例如，茶道成了日本社交活动的重要形式之一，是一种修养和品格的体现。

（2）朝鲜半岛

朝鲜半岛茶叶经济的发展历史可以追溯到三国时期（新罗、百济、高句丽）。在高丽王朝时期，茶叶开始在朝鲜半岛种植和生产，并逐渐发展成为一种重要的经济作物。中国古代与朝鲜半岛的茶叶贸易历史可以追溯到唐代，在唐宋元明时期达到了繁荣。据史料记载，唐高宗仪凤元年（676年），朝鲜半岛上的新罗国王真德亲自到唐代进贡特产，其中就包括茶。在此之后，中朝之间的茶叶贸易逐渐展开，古代茶经济在朝鲜半岛政治、经济、文化和社会发展中都发挥了重要作用。

第一，茶经济为当时的政治统治提供了经济基础。朝鲜王朝的宫廷贵族和高级官员们通过饮用和收藏名茶来展示他们的权力和地位，这种消费趋势也逐渐扩展到上层社会。茶道在朝鲜半岛的普及也有助于促进国内统一和民族团结。在茶道中，人们聚集在一起，分享茶香，交流文化，这有助于增强国内凝聚力和民族认同感。这种团结和统一的氛围也有利于维护政治稳定。茶道还成为国家外交的工具。朝鲜王朝的国王曾经将名茶作为礼物赠送给中国皇帝，这种外交手段有助于巩固两国关系。同时，茶道也是朝鲜王朝与其他国家进行文化交流的重要窗口，这有助于扩大国家的影响力。

第二，茶经济对朝鲜半岛的经济产生了重要影响。茶贸易在古代朝鲜半岛是很重要的商业活动。茶叶从中国传入朝鲜半岛后，成为当地重要的出口商品，为当时的经济发展做出了贡献。据《三国史记》记载，高丽王朝时期是朝鲜半岛茶文化和陶瓷文化的兴盛时代，而这个时期正是中国宋元明时期。宋元明时期是中国茶叶产量的高峰期，茶叶成了中朝之间重要的贸易商品之一。明代，中朝之间的茶叶贸易更加繁荣。据《明史》记载，明代中朝之间的贸易主要是通过辽东都指挥使司进行，而茶叶则是贸易的重要商品之一。到了清代，中朝之间的茶叶贸易逐渐减少。但是在新罗的一些地区仍然有茶叶生产，还有向中国出口的记录。因此，尽管政治关系发生了变化，中朝之间的茶叶贸易仍然在一定程度上得以维持。同时，茶道在朝鲜半岛的普及也促进了相关产业的发展，如茶馆业、茶具制造业等。

第三，茶叶贸易不仅促进了中朝之间的经济交流，也促进了茶文化的传播和发展。茶被引入朝鲜半岛后，逐渐成为上层社会优雅的饮料。随着时间的推移，茶道发展成为一种重要的文化仪式，茶具也成为重要的艺术品。在朝鲜王朝时期，茶道成为宫廷贵族和高级官员们的一种重要文化活动。茶道在朝鲜半岛传统文化的地位相当于中国的茶文化。在朝鲜茶道中，茶被视为一种珍贵之物，被用来招待贵客和祭祀祖先。同时，朝鲜茶道也强调与自然和谐相处，追求自然之美。

（3）印度

印度茶叶经济的发展历史可以追溯到9—10世纪，当时少数茶叶和茶树从云南传入印度边地阿萨姆。唐代，印度商人从中国进口茶叶，这些茶叶主要是从中国南方和西南方的茶园采摘和加工，通过陆路和海路将茶叶运往印度，并在当地市场上销售，茶叶成了当时中印之间重要的贸易商品之一。1780年，英国东印度公司引入中国茶籽在印度种植茶树，这标志着印度茶叶种植的开始。19世纪初，随着英国殖民统治者在印度推广茶叶种植，并在印度建立了茶叶生产和出口体系，印度茶叶产量逐渐上升，并成了世界重要的茶叶出口国之一。中国茶叶被大量运往印度的同时，印度也开始向中国出口茶叶。茶叶逐渐成为印度的重要产业之一，茶叶经济在社会经济中具有重要地位。

在印度茶叶经济发展的早期，优质的茶叶主要出口到英国和欧洲国家。后来，随着印度茶叶在国际市场上的声誉逐渐上升，其茶叶出口量也迅速增加。21世纪初，印度成了世界第一大茶叶出口国，占据了全球茶叶出口量的20%以上，其茶叶品牌在国际市场上具有较高的知名度。印度的茶文化具有浓郁的地方特色，强调茶叶的种植、采摘、加工和饮用过程中的文化内涵。

印度茶叶经济的崛起，主要得益于其得天独厚的自然条件和适宜的气候环境，以及印度政府的大力扶持。印度拥有广阔的茶园和丰富的茶叶资源，同时政府对茶叶产业进行了大规模的投资和建设，包括建立茶叶加工厂、改进茶叶品种、提高茶叶品质等措施。此外，印度茶叶的大规模生产和出口，此外，印度茶叶的生产和出口不仅为当地提供了大量的就业机会和收入来源，还促进了当地农业的发展，提高了农业生产效率和技术水平。

（4）斯里兰卡

中国古代与斯里兰卡的茶叶贸易历史悠久。在明代，中国就与斯里兰卡有茶叶贸易。据史料记载，14世纪末，斯里兰卡国王那罗约布瓦曾到中国访问并带回茶籽，在斯里兰卡试种茶树。18世纪末和19世纪初，斯里兰卡多次从中国引进茶籽试种茶树，但均未成功。直到1824年，荷兰人从中国引入的茶籽在斯里兰卡播种成功，才开启了斯里兰卡茶叶种植的新篇章。

1830年前后，英国殖民者开始在斯里兰卡大力发展种植园经济，并从印度南部招募大批劳工，这逐步瓦解了斯里兰卡原有的封建小农经济体系。随着时间的推移，咖啡和茶叶成了斯里兰卡的主要经济作物。1839年，斯里兰卡首次从印度阿萨姆引进了茶树苗，并在鲁勒勘德拉村建立了第一个商业茶园。到了1867年，英国殖民政府开始考察茶叶种植园的情况，并提出在斯里兰卡发展茶叶。在工业机械化制茶下，锡兰红茶就此出现。随着工业化和机械化的发展，斯里兰卡的茶叶生产效率得到了提高，茶叶品质也得到了改善。同时，斯里兰卡茶园的面积也不断扩大，茶叶出口量也持续增长，开始崛起成为茶叶出口国。

1876年，斯里兰卡开始向英国市场出口第一批茶叶，数量仅为0.1吨。然而，仅仅23年后，斯里兰卡茶叶出口量就高达17190.7吨，接近中国出口英国的50%。尽管中国茶叶出口在19世纪后期开始下滑，但斯里兰卡茶叶产业却持续发展。到了1928年，中国对英国的茶叶出口总量只有3636.9吨，在英国茶叶市场仅占1.59%的份额，而斯里兰卡茶叶则继续在英国市场占据着重要地位。

此后，斯里兰卡成了世界主要茶叶生产国和出口国之一，茶产业在斯里兰卡的经济中具有重要地位。一直以来，斯里兰卡的茶叶总产量和出口量均居世界前列。以2015年为例，斯里兰卡茶叶总产量为32.9万吨，占世界总产量的6.21%，居世界第四位；出口量为30.7万吨，占世界茶叶出口量的17%，居世界第三位。

斯里兰卡茶产业的成功不仅是因为其独特的气候条件和优良的茶树品种，还与其茶叶生产、加工、销售等环节密不可分，尤其是斯里兰卡政府对产业的重视和相关政策促进了茶产业的发展。

斯里兰卡茶叶生产和出口对国家经济作出了巨大贡献。茶叶生产和出口带动了斯里兰卡经济的增长,创造了就业机会,并促进了相关产业的发展,如农业、制造业和贸易等领域。

（5）英国

英国茶叶经济的发展历史可以追溯到17世纪60年代。当时,英国首次通过荷兰买到了小部分最优良的茶叶,并在两年后再次有一百多磅茶叶被运到英国,茶叶逐渐以奢侈品的身份在英国流行起来。1676年,东印度公司在中国的厦门设立商埠,收购的商品之一就是茶叶。到1678年,中国每年经济贸易运往英国的茶叶达千磅以上,茶从最初的皇室专用渐渐到全民普及,英国大众对茶的接受程度越来越高。

在整个18世纪,茶叶在英国的需求量持续增长,但是英国本土并不生产茶叶,所有的茶叶均依赖进口。到了19世纪,随着交通和科技的发展,茶叶的供应量开始增加,价格也开始下降,茶叶开始从奢侈品变为大众消费品。最开始销往英国的茶并不区分红茶还是绿茶,英国人对于茶叶的认识也不多。但随着时间的推移,红茶逐渐成了英国的主要茶类,并且英国的茶叶市场逐渐繁荣起来。

19世纪50—60年代,随着茶叶种植在印度和其他地区的扩展,以及英国在印度的殖民化,英国茶叶的供应量进一步增加。英国的殖民者用廉价的土地、劳动力和其他有利条件滋养着这个产业。到19世纪80年代,英国种植园主和公司掌握了阿萨姆地区的土地、劳动力和技术知识,并主导着这块土地的发展方向和根本命运。

到了1888年,印度茶叶产量达到8600万磅,英国从印度进口茶叶的数量第一次超过了中国。而在1900年,印度茶产量达到了将近2亿磅，锡兰茶产量达到1.5亿磅。两地的茶叶除了满足英国2.59亿磅的需求量，还余下近1亿磅可以出口到其他国家。至此，英国凭借着70年的努力，终于取代了中国，成为世界上最大的茶叶帝国。

茶叶贸易对英国的资本和经济体系影响深远。英国与东方的贸易成就了其经济的飞速发展，他们利用茶叶种植得以在殖民地建立产业经济，茶叶贸易成了英国进行殖民扩张的工具。

此外，茶贸易在促进地区间贸易、影响地区间的文化交流、引发地区间的经济竞争以及推动地区间的殖民扩张等方面带来了重要的地缘政治后果。中国茶叶的出口在很大程度上促进了中英两国的贸易往来，中国在世界舞台上的角色也因茶叶而改变。随着茶叶贸易的发展，中国和欧洲国家之间展开了激烈的竞争。为了争夺茶叶市场，各国之间进行了一场激烈的贸易战。英国和荷兰是当时茶叶贸易的主要竞争对手，他们试图通过控制茶叶贸易来获得更多的利益。在争夺茶叶贸易的过程中，一些欧洲国家开始向亚洲其他地区扩张势力范围，试图控制更多的茶叶产地。例如，荷兰在印度尼西亚建立了殖民地，英国则在印度和锡兰建立了殖民地。这些殖民地的建立对于欧洲国家来说，不仅增加了他们的经济利益，也扩大了他们的势力范围。

3. 茶叶消费对社会生产和人们的社会生活产生了深远影响

首先，无论是古代还是现代，茶都是中国经济发展的重要支柱，对社会生产产生了积极的推动作用。

茶叶贸易不仅为国家赚取了大量的外汇，同时也带动了相关产业的发展，如茶叶种植、采摘、加工、运输、销售等环节，提供了大量的就业机会。茶馆、茶楼等茶文化场所的出现，也促进了地方经济的发展。

茶叶经济的不断创新与融合，对其他产业发展起到了很好的促进作用。例如，茶叶品尝方式的不断创新，茶叶的消费方式越来越多样化。茶从最初的直接冲泡，到现在的奶茶等茶饮料，这种创新不仅满足了现代年轻人对奶茶消费的需求，同时也促进了奶茶产业的发展，使其成了一个新兴的朝阳产业。很多城市还借助茶叶经济的东风，将茶叶经济与旅游业相结合，通过宣传当地的茶文化和茶旅游资源，吸引游客的同时，也促进了地方经济的发展。例如，湖南的洞庭湖碧螺春、云南的普洱茶等，都是借助茶叶经济和旅游业的发展，带动了当地的经济发展。

　　其次，茶叶在融入人们生活的过程中，对全球范围内很多人的生活方式、健康观念、社交习惯以及生活态度等都产生了深远影响。

　　在中国传统文化中，茶是重要的社交媒介。无论是商务会议还是朋友聚会，一杯茶都能成为增进彼此交流的纽带。茶成了许多人社交活动中不可或缺的一部分。例如，在中国的传统文化中，为客人献茶是一种重要的礼节，这体现了主人的热情好客和尊敬。茶馆和茶艺文化已经成了许多地方的重要社交场所。品茶、泡茶和分享茶艺的过程，往往能够促进人与人之间的交流和互动。这种社交方式也成了人们生活中的一部分。茶具有一种优雅和传统的魅力，这使得选择茶叶成为一种生活方式的象征。无论是喜欢英式下午茶，还是中国传统的茶道，人们的选择都反映出他们的生活态度和品位。

　　茶叶含有丰富的抗氧化物质，如儿茶素和茶多酚，对人体有许多益处，如促进心脏健康，帮助降低胆固醇，增强免疫系统等。因此，随着人们营养和健康意识的提高，更多人倾向于将茶作为日常饮料。此外，喝茶也是一种放松和解压的方式。茶叶的香气和口感能让人平静下来，有助于减轻压力。这种休闲和放松的生活方式已经深入人心。

（二）中外茶叶经济发展状况

1. 古代中国茶叶经济发展状况及其主要特点

发展初始阶段：最初的茶叶贸易开始于唐、宋时期。当时，茶叶成了大受欢迎的商品，通过陆上和海上丝绸之路，销往中国各地以及亚洲、欧洲等地。由于当时的茶叶生产主要集中在南方，特别是江南地区，因此这一时期的茶叶经济在产区分布、发展速度、贸易繁荣程度、消费普及程度等方面呈现出南北方差异的特点。总体表现为，南方茶叶经济的发展较为显著，而北方地区则相对滞后。这主要与南北方气候条件、经济发展水平和市场需求等因素有关。南方地区的气候适宜茶树生长，具有悠久的茶叶生产历史和传统。同时，南方地区的经济较为发达，市场需求也较为旺盛。这些因素共同促进了南方茶叶经济的繁荣和发展。

宋、元时期：宋代和元代，茶叶经济得到了进一步的发展。茶叶生产和贸易的中心在南方，尤其是江南地区。这一时期，茶叶成了中国对外贸易的重要商品之一，出口到了中亚、西亚和欧洲等地。同时，宋代和元代的茶叶消费也逐渐向贵族和平民普及，市场也得到了进一步的扩大。

明清时期：明清时期，茶叶经济得到了空前的发展，茶叶的种类和品质得到了提高，茶叶的价格也逐渐上涨。同时，茶叶的贸易范围也得到了进一步扩大，不仅出口到了亚洲各地，还进入了非洲和美洲市场。这一时期，茶叶成了中国最重要的出口商品之一，对中国的经济发展起到了重要的推动作用。

茶叶消费：在古代中国，茶叶的消费方式也随着时间的推移发生了变化。最初是煮茶或泡茶的方式，到后来逐渐演变成了用茶壶沏茶的方式。同时，茶叶的消费群体也从贵族逐渐普及平民百姓。

茶叶文化：茶文化是中国传统文化的重要组成部分。在漫长的历史岁月中，茶文化逐渐形成并不断发展，融入了诸多文化元素和特色。例如，茶道、茶艺、茶歌、茶舞等。这些文化形式不仅展示了中国茶文化的深厚底蕴，也体现了茶文化与多民族文化的交融与发展。

2. 国外茶叶经济发展状况及其主要特点

中国是茶叶的起源地，随着历史的发展，茶叶逐渐传播到世界各地，并在当地的茶叶市场和消费中占据了重要的地位。在756年至千年元年，茶叶开始通过茶马交易的方式进入蒙古回纥地区，开创了茶马交易的先河。此后，中国茶叶通过海、陆"丝绸之路"输往西亚、中东地区以及东方的朝鲜和日本。最早传入日本的茶叶是在805年，而茶叶传入欧洲的时间在16世纪末17世纪初，由荷兰商人从中国澳门转运至欧洲。中国茶叶的传入不仅促进了世界各地茶叶的消费，还推动了世界各地茶叶经济的形成和发展。

茶叶经济比较发达的国家主要有日本、印度、斯里兰卡、英国。此外，肯尼亚、土耳其、越南、泰国、印度尼西亚、马来西亚、德国、荷兰、阿根廷、智利、俄国、美国等国家茶叶经济也比较发达。自19世纪中叶以来，随着国际贸易的发展和全球化进程的加速，茶叶经济在国外发展迅速。各国不仅从中国大量进口茶叶，也在本国大量种植茶树，并逐渐发展出具有本国特色的茶叶生产工艺和茶文化。

日本茶叶最初也是从中国传入的，但很快日本也开始生产自己的茶叶。日本茶道是世界文化遗产之一。日本茶文化强调礼仪和美学，茶道表演也被认为是日本传统文化的代表之一。

英国是世界上最早饮茶的国家之一，也是全球最大的茶叶进口国，年销售茶叶超过3万吨。英国茶叶市场最初主要受到中国茶和印度茶的影响，但在19世纪初，由于拿破仑战争的影响，茶叶供应中断，英国开始尝试从其他地区进口茶叶，如锡兰（今斯里兰卡）、肯尼亚等。同时，英国也开始在殖民地印度和锡兰等地种植茶叶，形成了以大吉岭红茶和阿萨姆红茶为主的英国茶文化。

美国茶叶市场最初主要依赖进口，直到18世纪末，北美才开始种植茶叶。英属北美殖民地建立后，随着英国移民的大量涌入，英国人的饮茶习惯也带入了北美。17世纪末，茶叶开始在北美销售，并在18世纪开始在北美本土生产和销售。美国茶文化的特点是冰茶流行，这可能与美国的气候有关。

土耳其在近代以前，茶叶大多是通过丝绸之路从中国进口到欧洲，茶叶消费的量不大，并没有成为茶叶消费大国。19世纪末，土耳其开始自己种植茶叶，并在20世纪30年代开始大力扶持茶叶产业。在此期间，土耳其实行了大规模的茶园种植和茶叶生产，并逐渐发展成为欧洲最大的茶叶生产和消费国之一。1940年3月27日，土耳其大国民议会通过了《茶法》，鼓励茶农进行茶叶种植，并规定拥有0.05公顷土地或500棵茶树的茶农可以在5年内免费使用茶树种子、茶树幼苗和肥料，也可以向银行申请最高20里拉的无息贷款。1942年5月21日，土耳其大国民议会又通过《咖啡和茶专营法》，规定农业企业管理局的茶叶收购权转交土耳其国酒和烟草公司（TEKEL）。该法案还规定茶农出售茶叶需得到土耳其国酒和烟草公司授权，并在包装瓶上加盖土耳其国酒和烟草公司的标志。此外，土耳其政府还设置了茶叶的进口税，并规定从 1942 年 8 月 25 日起对茶叶的进口税进行调整。至今，土耳其已经成为欧洲最大的茶叶生产和消费国之一，每年人均茶叶消费量高达 3.16 千克，平均每天约 1250 杯。

总之，在不同的国家和地区，由于历史、文化、地理等多种因素，茶叶经济呈现出明显的地方性特色。

3. 世界茶叶经济发展趋势

全球茶叶经济发展趋势呈现上升态势，预计到 2025 年，全球茶叶市场规模将达到 2667 亿美元。中国是全球最大的茶叶市场，2022 年的市场规模估值达到 998 亿美元，超过第二至第七名国家市场规模的总和。在上升发展的态势中，呈现出明显特点：

第一，市场需求增长。随着全球消费者对健康饮食和生活方式的关注度不断提高，茶叶市场需求持续增长。尤其是高端茶叶市场，由于其品质和独特的口感，越来越受到消费者的青睐。茶企将更加关注高端市场，以满足不断增长的需求。

第二，茶叶消费场景多样化。随着消费者生活方式的改变，茶叶消费场景也变得更加多样化。除了传统的冲泡方式，消费者还倾向于将茶叶用于烹饪、制作甜点和饮料等。茶企可以根据这种趋势开发更多的茶叶消费场景。例如，推出更具文化氛围的茶叶礼盒、茶艺表演等服务，以吸引更多的消费者。

第三，茶文化的传承和推广受到重视。茶文化是茶行业不可分割的一部分。在全球范围内，茶文化的推广将成为茶行业发展的重要推动力。茶企将更加注重茶文化的传承和推广，通过各种方式向消费者传递茶叶的历史、文化和健康益处。这将有助于提高消费者对茶叶的认知和接受度。

第四，科技创新。在茶行业的竞争中，科技创新是关键。随着科技的不断发展，茶企将不断开发新产品和新技术，以满足消费者的需求。例如，通过加工技术的改进和新产品研发，开发出具有更多功能和口感的茶叶产品，或者利用科技手段提升茶叶种植和生产效率等。

第五，茶产品个性化和定制化。随着消费者需求的多样化，个性化和定制化将成为茶叶市场的主流趋势。消费者对茶叶的口感、包装、价格等方面都有自己的偏好，因此茶企需要满足不同消费者的需求。通过提供个性化的产品和服务，以及定制化的茶叶礼盒等，可以增加消费者的黏性和忠诚度。

第六，关注可持续发展。在全球范围内，可持续发展已成为各行各业关注的重点。在茶叶行业，可持续发展也是非常重要的议题。茶企关注环境保护、资源利用和社会责任等方面，通过采用环保的种植方法、提高资源利用效率和社会责任的履行等方式，实现可持续发展。

总体上看，全球茶叶经济发展趋势呈现出市场需求增长、消费场景多样化、文化推广、科技创新、个性化和定制化以及可持续发展等特点。同时，茶叶贸易也受到复杂国际形势的影响，2022年我国茶叶出口量再创历史新高，达到37.52万吨，同比增长1.59%。其中，绿茶出口量达到31.39万吨，红茶和花茶出口增长明显，主要销往摩洛哥、乌兹别克斯坦和加纳等地，2022年出口国家和地区达到126个。

因此，可以看出全球茶叶市场发展前景广阔，而中国作为最大的茶叶生产国和消费国，将在未来继续发挥着引领作用。

（三）茶产业

1. 茶产业链

茶产业是一个涵盖了多个环节和领域的综合性产业，包括茶叶种植、采摘、加工、包装、销售、文化推广等多个环节。这些环节相互关联、相互依存，共同构成了完整的茶产业链条。

产业上游：茶树资源利用与品种选育、优化茶树新品种（提升茶树良种普及率）、茶树绿色生产（茶园耕作、茶树修剪、鲜叶采摘、收购、病虫害统防统治）、农药和化肥减量化（替代工程）、茶叶采摘等。

产业中游：茶叶的生产加工、产品品质检测、质量保障监督体系、工艺继承与创新、循环经济、衍生品加工（食品、饮品、美容品、保健品、功能茶、礼品）等。

产业下游：包括茶相关产品销售实体店、网络电商企业、进出口公司及与旅游、研学、民俗、体育、民宿等跨界融合企业。

2. 茶产业体系

茶产业体系包括茶叶产业与其他相关产业之间的联系和互动，如文化旅游、食品加工、贸易物流等。这些相关产业与茶叶产业之间的联系和互动，为茶叶产业链提供了良好的环境和条件。例如，文化旅游可以促进茶叶品牌的推广和茶叶消费的增长，食品加工和贸易物流可以拓展茶叶产品的应用范围和市场空间。

总之，随着社会大众饮茶认知以及对茶的理解进一步优化，如今在大众饮茶理念成熟发展过程中，世界各国诸多地区都形成了极具规模和内涵的茶叶产业经济。

参考文献

[1] 陈宗懋，杨亚军，中国茶经 [M]. 上海：上海文化出版社，1992：90-130.

[2] 朱世英，等，中国茶文化大典 [M]. 上海：上海汉语大辞典出版社，2002：100-125.

[3] 威廉. 乌克斯，茶叶全书 [M]. 东方出版社，2016：396-485

[4] 陈宗懋，中国茶叶通史 [M]. 上海：上海科学技术出版社,, 2020：125-130.

[5] 中国农业科学院茶叶研究所，茶叶标准汇编 [G]. 北京：中国农业出版社，2021：90-150.

[6] 李华，中国茶叶出口竞争力研究 [M]. 北京：中国农业出版社，2021：105-195.

[7] 赵丽娟，茶叶质量安全检测技术 [M]. 北京中国农业出版社，北京：2020：100-200.

[8] 周永章，等，茶叶科学技术与标准教程 [M]. 北京：中国农业科学技术出版社，2022：78-82.

[9] 宛晓春，茶叶生物化学 [M]. 北京：中国农业出版社，

2018：200-400.

[10] 林治，中国茶道［M］.北京：中国林业出版社，2016：200-300.

[11] 秦永州，中国社会风俗史［M］.济南：山东人民出版社，2000：200-260.

[12] 张伟等，碳足迹视角下的中国茶叶贸易［J］.2021（6）：201-210.

[13] Smith, R. Journal, The Rise and Fall of Chinese Tea Exports in the 20th Century［J］.Asian Economics，2017：52：1-15.

项目策划：段向民
责任编辑：沙玲玲
责任印制：钱　宬
封面设计：武爱听

图书在版编目（CIP）数据

识茶 / 江小蓉编著． -- 北京：中国旅游出版社，2024.12

（中国茶文化精品文库 / 王金平，殷剑总主编）

ISBN 978-7-5032-6870-0

Ⅰ．①识⋯ Ⅱ．①江⋯ Ⅲ．①茶文化－中国 Ⅳ．
① TS971.21

中国版本图书馆 CIP 数据核字（2021）第 259749 号

书　　名	识茶
作　　者	江小蓉
出版发行	中国旅游出版社
	（北京静安东里6号　邮编：100028）
	https://www.cttp.net.cn　E-mail:cttp@mct.gov.cn
	营销中心电话：010-57377103，010-57377106
	读者服务部电话：010-57377107
排　　版	北京旅教文化传播有限公司
经　　销	全国各地新华书店
印　　刷	三河市灵山芝兰印刷有限公司
版　　次	2024年12月第1版　2024年12月第1次印刷
开　　本	720毫米×970毫米　1/16
印　　张	13
字　　数	152 千
定　　价	59.80元
ISBN	978-7-5032-6870-0

版权所有　翻印必究
如发现质量问题，请直接与营销中心联系调换